广义枢轴量及其应用

牟唯嫣 著

中国建筑工业出版社

图书在版编目（CIP）数据

广义枢轴量及其应用/牟唯嫣著. —北京：中国建筑工业出版社，2018.12
ISBN 978-7-112-22977-2

Ⅰ.①广… Ⅱ.①牟… Ⅲ.①统计推断 Ⅳ.①O212

中国版本图书馆 CIP 数据核字(2018)第 263272 号

广义枢轴量及其应用

牟唯嫣 著

*

中国建筑工业出版社出版、发行（北京海淀三里河路 9 号）
各地新华书店、建筑书店经销
北京科地亚盟排版公司制版
北京建筑工业印刷厂印刷

*

开本：850×1168 毫米 1/32 印张：4 字数：104 千字
2019 年 5 月第一版 2019 年 5 月第一次印刷
定价：**20.00** 元

ISBN 978-7-112-22977-2
（33063）

广义推断是一种有效的小样本统计推断方法。本书介绍了广义推断的基本方法和理论，并讨论了其在可靠性问题、离散模型、非参数模型及含有离群点的统计问题中的应用，给出了兴趣参数的假设检验和区间估计构造方法。

本书可供高等院校统计、工程、医学、经济等相关专业人员参考。

本书的出版得到国家自然科学基金项目（11601027、11671386），北京建筑大学金字塔人才培养工程项目（21082716014）和北京建筑大学市属高校基本科研业务费（X18098）的资助。

责任编辑：郭　栋
责任校对：王　瑞

目　录

第 1 章　广义推断基础

复杂统计推断问题往往含有讨厌参数. 此时，经典的频率方法无法提供精准的解决办法. 因此人们通常采用大样本方法. 然而，当样本量不大时，大样本方法的表现往往较差. Tsui，Weerahandi [1] 在 1989 年提出了广义检验变量和广义 p 值的概念，用来讨论带讨厌参数的假设检验问题. 进一步，Weerahandi [90] 在 1993 年又提出了广义枢轴量的概念用于构造讨厌参数存在时兴趣参数的置信区间. 迄今为止，广义推断方法（即基于广义检验变量或广义枢轴量的推断方法）应用到了很多统计模型，包括不平衡异方差下的单因素方差分析模型（Gamage，Weerahandi [3]；Weerahandi [4]），两因素方差分析模型（Ananda，Weerahandi [5]；Bao，Ananda [6]；Fujikoshi [7]），单因素随机效应模型（Burdick，Quiroz，Iyer [8]；Li，Li [9]，Thomas，Hultquist [10]，Lyles，Kupper，Rappaport [11]；Lyles，Kupper，Rappaport [12]），混合效应模型（Burch [13]；Chi，Weerahandi [14]；Ho，Weerahandi [15]；Li，Xu，Li [16]；Weerahandi，Berger [17]；Weerahandi [18]；Zhou，Mathew [19]），可靠性模型（Ananda [20]，Ananda，Gamage [21]，Weerahandi，Johnson [22]）等. 关于广义推断研究的进展，还可参见 Weerahandi 的专著 [23，24].

2004 年左右，我们发现广义推断与 Fisher [25～27] 提出的 Fiducial 推断之间有密切关系.（Hannig，Iyer，Patterson [83] 也指出了该联系）. Fiducial 推断类似于 Bayes 推断，都将参数看作随机变量. 与 Bayes 推断不同的地方在于，不需要参数的任何先验信息，而是直接利用样本观测值给出参数的分布（信仰分布）；最后，利用信仰分布对参数进行推断. 1935 年，Fisher

利用 Fiducial 方法求解了著名的 Behrens-Fisher 问题. 之后，Fiducial 方法受到了统计学者的关注. Fraser [29～32]，Hora [33，34] 等利用 Haar 测度，对不变分布族，给出了信仰推断. Bunke [35] 给出了函数模型的定义，Dawid 等 [36，37] 进一步讨论了在函数模型下求 Fiducial 分布的方法. Barnard [38，39] 基于枢轴量研究了 Fiducial 推断. 徐兴忠 [40]，Xu，Li [41] 在 Dawid，Wang [36] 的基础上进一步讨论了 Fiducial 推断. 另外的一些研究可以参看文献 [42～48].

1.1 参数的假设检验和置信域

这一节回顾传统统计的假设检验和置信域.

1.1.1 假设检验

定义 1.1.1 设 $(\chi,\mathscr{B},\mathscr{P})$ 为一统计结构，则 $\mathscr{P}$的非空子集称为假设. 在参数分布族 $\mathscr{P}=P_\theta$；$\theta\in\Theta$ 时，Θ 的非空子集称为假设.

在一个假设检验问题中，常涉及两个假设. 所要检验的假设称为原假设，记为 H_0. 与 H_0 不相容的假设称为备择假设，记为 H_1. 在参数分布族 $\mathscr{P}=P_\theta$；$\theta\in\Theta$ 场合，原假设和备择假设分别记为

$$H_0:\theta\in\Theta_0,\quad H_1:\theta\in\Theta_1$$

这里，Θ_0 和 Θ_1 是 Θ 的互不相交的非空子集. 给定 H_0 和 H_1 就等于给定一个检验问题，记为检验问题（H_0，H_1).

定义 1.1.2 在检验问题（H_0，H_1）中，所谓检验法则就是设法把样本空间划分为互不相交的两个可测集：

$$\chi=W+\bar{W}$$

并作如下规定：

当观测值 $x\in W$ 时，就拒绝原假设 H_0，认为备择假设 H_1 成立；

当观测值 $x\overline{\in}W$ 时，就不拒绝原假设 H_0.

这里的 W 称为检验的拒绝域.

我们进行检验时，由于样本的随机性，我们可能作出正确的判断，也可能作出错误的判断. 正确的判断是原假设成立时接受原假设或者原假设不成立时拒绝原假设，而错误的判断是原假设成立时拒绝原假设或者原假设错误时接受原假设. 为了对检验法的好坏给出一个合理的评选标准，需要考察一个检验方法可能犯错误的概率.

定义 1.1.3 当原假设 H_0 成立时，样本观测值却落在拒绝域 W 中，从而拒绝了原假设，这种错误称为第一类错误. 犯第一类错误的概率为

$$\alpha = P(X \in W), P \in \mathscr{P}_1$$

在参数统计结构下，犯第一类错误的概率为

$$\alpha(\theta) = P_\theta(X \in W), \theta \in \Theta_0$$

另一类错误是，当原假设 H_0 不成立时，样本观测值却没有落在拒绝域 W 中，从而没有拒绝原假设，这种错误称为第二类错误. 犯第二类错误的概率为

$$\beta = P(X \overline{\in} W) = 1 - P(X \in W), P \in \mathscr{P}_\infty$$

在参数统计结构下，犯第二类错误的概率为

$$\beta(\theta) = P_\theta(X \overline{\in} W) = 1 - P_\theta(X \in W), \theta \in \Theta_1$$

定义 1.1.4 称样本观测值落在拒绝域的概率为检验的势函数，记为

$$g(\theta) = P_\theta(X \in W), \theta \in \Theta$$

在 $\theta \in \Theta_0$ 时，$g(\theta) = \alpha(\theta)$，$g(\theta)$ 是检验犯第一类错误的概率. 在 $\theta \in \Theta_1$ 时，$g(\theta) = 1 - \beta(\theta)$，$1 - g(\theta)$ 是检验犯第二类错误的概率.

1.1.2 区间估计

定义 1.1.5 设$(\chi, \mathscr{B}, \mathscr{P})$为一参数统计结构，其中 $\mathscr{P} = \{P_\theta : \theta \in \Theta \subseteq \mathbb{R}\}$. 假设统计量 $\hat{\theta}_L(X)$ 和 $\hat{\theta}_U(X)$ 满足条件：$\hat{\theta}_L(X) \leqslant \hat{\theta}_U(X)$，则

称 $[\hat{\theta}_L(X), \hat{\theta}_U(X)]$ 为参数 θ 的一个区间估计.

在参数真值为 θ 时，我们希望随机区间 $[\hat{\theta}_L(X), \hat{\theta}_U(X)]$ 包含 θ 的概率 $P_\theta(\hat{\theta}_L(X)\leqslant\theta\leqslant\hat{\theta}_U(X))$ 要大. 一般来说，这个概率与 θ 有关. 所以，一个好的区间估计应该对所有的 $\theta\in\Theta$，概率在参数真值为 θ 时，随机区间 $[\hat{\theta}_L(X), \hat{\theta}_U(X)]$ 包含 θ 的概率 $P_\theta(\hat{\theta}_L(X)\leqslant\theta\leqslant\hat{\theta}_U(X))$ 都大.

定义 1.1.6 设 $[\hat{\theta}_L(X), \hat{\theta}_U(X)]$ 为参数 θ 的一个区间估计，则称区间包含 θ 的概率在参数空间 Θ 上的下确界

$$\inf_{\theta\in\Theta} P_\theta(\hat{\theta}_L(X)\leqslant\theta\leqslant\hat{\theta}_U(X))$$

为该区间估计的置信系数.

一个区间估计的置信系数越大，这个区间估计作为未知参数的估计就越可靠. 但是，构造一个置信系数很大的区间估计并不是难事，只要让这个区间长度足够大即可. 但区间的范围太大，很不精确，没有用处. 所以一个好的区间估计还有一个精确度的要求. 这里，介绍两个常用的标准.

一种标准是要求区间 $[\hat{\theta}_L(X), \hat{\theta}_U(X)]$ 的平均长度 $E_\theta[\hat{\theta}_U(X)-\hat{\theta}_L(X)]$ 要短，即区间的范围不能太大.

另一种标准是设参数真值为 θ，在 $\theta'\neq\theta$ 时，区间 $[\hat{\theta}_L(X), \hat{\theta}_U(X)]$ 包含 θ'的概率 $P_\theta(\hat{\theta}_L(X)\leqslant\theta\leqslant\hat{\theta}_U(X))$ 要小.

寻找一个好的区间估计，就是对选定的一个较小的数 $\alpha(0<\alpha<1)$，在置信系数不小于 $1-\alpha$，即满足

$$P_\theta(\hat{\theta}_L(X)\leqslant\theta\leqslant\hat{\theta}_U(X))\geqslant 1-\alpha, \forall\theta\in\Theta \quad (1.1.1)$$

的区间估计中，寻找这样的区间估计，使得区间的平均长度 $E_\theta[\hat{\theta}_U(X)-\hat{\theta}_L(X)]$ 尽可能短，或者使得区间包含非真值的概率 $P_\theta(\hat{\theta}_L(X)\leqslant\theta'\leqslant\hat{\theta}_U(X))$ 尽可能小，其中 $\theta'\neq\theta$.

定义 1.1.7 满足 (1.1.1) 的区间估计称为置信水平为 $1-\alpha$ 的

置信区间，简称 $1-\alpha$ 置信区间.

实际问题中，我们有时仅对未知参数的置信下限或置信上限感兴趣. 对这种问题，去寻求两端都有界的置信区间就没有必要了.

定义 1.1.8　没有统计量 $\hat{\theta}_L(X)$，如果对选定的一个较小的数 $\alpha(0<\alpha<1)$，有

$$P_\theta(\theta \geqslant \hat{\theta}_L(X)) \geqslant 1-\alpha, \forall \theta \in \Theta$$

则 $\hat{\theta}_L(X)$ 称为 θ 的置信水平为 $1-\alpha$ 单侧置信下限. 类似地，设统计量 $\hat{\theta}_U(X)$. 如果对选定的一个较小的数 $\alpha(0<\alpha<1)$，有

$$P_\theta(\theta \leqslant \hat{\theta}_U(X)) \geqslant 1-\alpha, \forall \theta \in \Theta$$

则 $\hat{\theta}_U(X)$ 称为 θ 的置信水平为 $1-\alpha$ 单侧置信上限.

置信区间的概念可以推广到多个参数的情况.

定义 1.1.9　设 $(\chi,\mathscr{B},\mathscr{P})$ 为一参数统计结构，其中 $\mathscr{P}=\{P_{\theta:\theta\in\Theta\subseteq R^k}\}$，$\theta=(\theta_1,\cdots,\theta_k)$. 假设 $S(X)$ 满足下述条件

(1) 对任意一个样本观测值 x，$S(x)$ 是 Θ 的一个子集合；

(2) 对给定的 $\alpha(0<\alpha<1)$，$P_\theta(\theta\in S(x))\geqslant 1-\alpha$，$\forall\theta\in\Theta$

则称 $S(X)$ 是 θ 的置信水平为 $1-\alpha$ 置信域.

置信域的形状可能是多种多样的，但常用的是一些有规则的几何图形，如长方体、球、椭球等. 在置信域是长方体，并且长方体的各个面与坐标平面平行时，此置信域又称联合区间估计.

1.2　广义推断中的基本概念

1.2.1　广义 p 值

设随机变量（向量）X 的分布族为 $\mathscr{P}=\{P_\eta\}$. 其中，$\eta=(\theta,\delta)$ 为取值于参数空间 $\Omega\subset\mathbf{R}^k$ 的未知参数，$\theta\in\mathbf{R}$ 为兴趣参数，δ 为讨厌参数，令 $\mathscr{X}$ 为样本空间，$x\in\mathscr{X}$ 为 X 的观测值，考虑单边

假设检验问题

$$H_0:\theta \leqslant \theta_0, \quad H_1:\theta > \theta_0, \tag{1.2.1}$$

其中，θ_0 为预先给定的常数.

Tsui 和 Weerahandi [1] 将 p-值的概念加以推广，提出了广义 p 值.

定义 1.2.1 形如 $T_1(X;x,\eta)$ 的广义检验变量，不仅是随机变量 X 的函数，也是观测值 x 和未知参数 η 的函数，并且满足以下三个条件：

(1) 对给定的 x 和 $\eta=(\theta_0,\delta)$，$T_1(X;x,\eta)$ 的分布与讨厌参数 δ 无关.

(2) 观测值 $T_1(x;x,\eta)$ 与 η 无关.

(3) 对给定的 x 和 η，$P(T_1(X;x,\eta)\geqslant T_1(x;x,\eta)|x,\eta)$ 关于 θ 非减（或非增）.

令 $t_1(x)=T_1(x;x,\eta)$ 是 $T_1(X;x,\eta)$ 当 $X=x$ 时的观测值. 若 $T_1(X;x,\eta)$ 关于 θ 非减，则关于检验问题（1.2.1）的广义 p 值为

$$\sup_{\theta\leqslant\theta_0}P(T_1(X;x,\eta)\geqslant t_1(x))=P(T_1(X;x;\eta)\geqslant t_1(x)\mid\theta=\theta_0);$$

若 $T(X;x,\eta)$ 关于 θ 非增，则关于检验问题（1.2.1）的广义 p 值为

$$\sup_{\theta\leqslant\theta_0}P(T_1(X;x,\eta)\leqslant t_1(x))=P(T_1(X;x;\eta)\leqslant t_1(x)\mid\theta=\theta_0);$$

根据广义检验变量定义中的条件（1）对给定的 $\theta=\theta_0$，$T_1(X;x,\eta)$ 的分布与讨厌参数 δ 无关，和条件（2）$t_1(x)$ 与未知参数 η 无关可知，广义 p 值不依赖于讨厌参数，是能够进行计算的. 从而，可以作为判断数据是否支持原假设的依据. 一般来说，如果广义 p 值小于给定的某检验水平（如 0.05），则拒绝原假设.

1.2.2 广义置信区间

参数估计包括点估计和区间估计，而人们往往更关心区间

估计，因为它可以给决策者提供更多的信息. 许多情况下，区间估计和假设检验可以相互转化.

枢轴量法是一种常用的构造置信区间（或置信限）的方法.

设样本 X 的分布族为 $\mathscr{P}=\{P_\eta\}$，其中 $\eta=(\theta,\delta)$ 为取值于参数空间 $\Omega\subset\mathbf{R}^k$ 的未知参数. 可以按下列步骤构造兴趣参数 θ 的置信区间（或置信限）：

(1) 构造关于样本 X 和参数 θ 的一个函数 $G=G(X,\theta)$，要求 G 的分布与 θ 无关（具体这种性质的函数称为枢轴量）；

(2) 对给定的 $0<\alpha<1$，选取两个常数 c 和 $d(c\leqslant d)$，使得

$$P_\eta(c\leqslant G(X,\theta)\leqslant d)\geqslant 1-\alpha \quad \forall\,\eta\in\Omega;$$

(3) 如果不等式 $c\leqslant G(X,\theta)\leqslant d$ 可等价地转化为 $\hat{\theta}_L(X)\leqslant\theta\leqslant\hat{\theta}_U(X)$，

则 $[\hat{\theta}_L(X),\hat{\theta}_U(X)]$ 为 θ 的一个置信水平为 $1-\alpha$ 的置信区间. 当 $G=G(X,\theta)$ 为 θ 的连续严格单调函数时，这两个不等式之间的等价变化总是可以做到的.

类似地，选取常数 c 或 d，使得对所有的 θ，$P_\theta(c\leqslant G(X,\eta))\geqslant 1-\alpha$ 或 $P_\theta(d\geqslant G(X,\eta))\geqslant 1-\alpha$，则可以构造出 η 的一个置信水平为 $1-\alpha$ 的置信下限或置信上限.

在解决区间估计的问题时，上述枢轴量法是最常见的方法之一. 但对于多数问题，我们无法构造出合适的枢轴量. Weerahandi [90] 将广义 p 值的思想应用于区间估计，引入了广义枢轴量和广义置信区间的概念.

定义 1.2.2　形如 $T_2(X;x,\eta)$ 的广义枢轴量是 X，x 和 η 的函数. 其中，$\eta=(\theta,\delta)$，θ 是感兴趣的参数，δ 是讨厌参数，并且满足下面两个条件：

(1) 对给定的 x，$T_2(X;x,\eta)$ 的分布与未知参数 η 无关；

(2) 观测值 $t_2=T_2(x;x,\eta)$ 与讨厌参数 δ 无关.

假设给定广义枢轴量 $T_2(X;x,\eta)$ 和置信系数 $\gamma(0<\gamma<1)$，寻找 T_2 的样本空间的一个子集 C_γ，使得

$$P(T_2(x;x,\eta) \in C_\gamma) = \gamma,$$

取

$$\Theta_\gamma = \{\theta \mid T_2(x;x,\eta) \in C_\gamma\},$$

则称 Θ_γ 为参数 θ 的一个置信系数为 γ 的广义置信区间.

Hannig、Iyer、Patterson [83] 在广义枢轴量的基础上，提出了 Fiducial 广义枢轴量的概念.

定义 1.2.3 设 $T_2 = T_2(X;x,\eta)$ 是取值于 Ω_g 上的 X，x 和 η 的函数，且满足：

(1) 对给定的 x，$T_2(X;x,\eta)$ 的分布与未知参数 $\eta=(\theta,\delta)$ 无关；

(2) 观测值 $T_2(x;x,\eta)=\theta$.

则称 $T_2(X;x,\eta)$ 为兴趣参数 θ 的 Fiducial 广义枢轴量.

这样，对给定的 $0<\gamma<1$，选取 $\hat{\theta}_L$ 和 $\hat{\theta}_U$，使得

$$P(\hat{\theta}_L < T_2(X;x,\eta) < \hat{\theta}_U) = \gamma,$$

则 $[\hat{\theta}_L,\hat{\theta}_U]$ 就是 θ 的置信系数为 γ 的广义置信区间. 从定义上看，Fiducial 广义枢轴量是广义枢轴量的特殊情况. 也就是，Fiducial 广义枢轴量的观测值恰好等于兴趣参数. 在下一节我们可以看到，Fiducial 广义枢轴量可以通过构造参数的 Fiducial 分布得到.

1.3 一种构造广义推断的方法

下面，先介绍 Dawid 和 Stone [36] 基于函数模型给出的 Fiducial 分布的定义.

定义 1.3.1 函数模型有三个要素，观测值 $X \in \mathscr{X}$，参数 $\Theta \in \Omega$，误差变量 $E \in \varepsilon$，并满足以下条件：

(1) X 是由 Θ 和 E 唯一确定的函数（当 $\Theta=\theta$，$E=e$ 时，X 的值可简单表示为 $X=\theta \circ e$）；

(2) 无论 Θ 取何值，E 在 ε 上有一个已知分布 Q（记为：

$E \sim Q$)；

(3) X 单独观测；

(4) 推断是对完全未知的 Θ 进行的.

在函数模型中，如果对任意的 $x \in \mathscr{X}$ 和 $e \in \varepsilon$，方程 $x = \theta \circ e$ 有唯一解，记为 $\theta_x(e)$，则在有了观测值 x 后，由 $\theta_x(e)$，$E \sim Q$ 诱导出 θ 的分布，就是参数 θ 的 *Fiducial* 分布.

Dawid，Stone [36] 基于函数模型，用结构方程的解来求参数的 Fiducial 分布，但用这种方法所讨论的分布族是受限制的，产生这个限制的原因是对于结构方程要求解存在并且唯一. Xu，Li [41] 将 Dawid，Stone [36] 的工作进行推广，以适应于更广泛的分布族. 这就是下面要介绍的广义枢轴模型和 Fiducial 模型.

定义 1.3.2 设随机变量 X 服从参数分布族 $\{P_\theta, \theta \in \Theta\}$，$\Theta$ 是欧式空间的 *Borel* 集，如果存在

(1) 定义在空间 ε 上的具有已知分布 Q 的随机变量 E，其中 ε 也是 *Borel* 集；

(2) 定义在 $\Theta \times \varepsilon$ 上的一个函数 $h(\theta, e)$，使得对所有的 $\theta \in \Theta$，当 $X \sim P_\theta$ 时，X 和 $h(\theta, E)$ 同分布；

则称

(1) $\mathscr{X}$ 上的分布族 $\{P_\theta, \theta \in \Theta\}$ 为枢轴分布族；

(2) 模型

$$X \overset{d}{=} h(\theta, E), \quad E \sim Q,$$

($\theta \in \Theta$) 称为广义枢轴模型.

(3) E 称为枢轴随机元.

由 Xu，Li [41] 可以知道，一维连续分布族、独立同分布变量、变换分布族等参数分布族，都是枢轴分布族.

考虑满足上述定义的枢轴分布族 $\{P_\theta, \theta \in \Theta\}$，设

$$X \overset{d}{=} h(\theta, E), \quad E \sim Q$$

为广义枢轴模型. 由定义可知，X 的取值不是由 E 的函数 $h(\theta, E)$ 决定. 很多情况下，无法通过求解方程 $x = h(\theta, e)$ 来得到

θ的 Fiducial 分布. 但是，可以通过拟合得到θ的 Fiducial 分布，这就需要下面的定义.

定义 1.3.3 设 $X\sim P_\theta$，$\theta\in\Theta$，$\{P_\theta,\ \theta\in\Theta\}$ 是$\mathscr{X}$上的枢轴分布族，存在广义枢轴模型

$$X \overset{d}{=} h(\theta,E),\quad E\sim Q,$$

在$\mathscr{X}$中取 *Euclid* 距离$d(\cdot,\cdot)$，对任意给定的观测值x和$e\in\varepsilon$，如果θ的函数$d(x,h(\theta,e))$在Θ能取到最小值且最小值点唯一，记为$\hat{\theta}_x(e)$，即

$$\hat{\theta}_x(e) = arg\min_{\theta\in\Theta} d(x,h(\theta,e)),$$

则称

$$\Theta = \hat{\theta}_x(E),\quad E\sim Q$$

为参数θ的 Fiducial 模型，称在$E\sim Q$下$\hat{\theta}_x(E)$的分布为参数θ的 Fiducial 分布.

如果一个函数模型是 Dawid，Stone［36］意义下的简单函数模型（SFM)，则由上面定义可知，SFM 确定的分布族中参数的 Fiducial 分布与由 Dawid 和 Stone 的方法所得的 Fiducial 分布相同. 所以，上述定义是 Dawid 和 Stone 所给定义的推广.

现在，考虑如何导出参数θ的函数$g(\theta)$的 Fiducial 分布，Xu，Li［41］给出了下面的定义.

定义 1.3.4 设 $X\sim P_\theta$，$\theta\in\Theta$，$\{P_\theta,\ \theta\in\Theta\}$ 是$\mathscr{X}$上的枢轴分布族，$g(\theta)$ 是定义在Θ上的参数θ的函数. 若对任意 $x,\Theta=\hat{\theta}_x(E)$，$E\sim Q$是由定义 1.1.6 得到的 Fiducial 模型，则

$$G = g(\hat{\theta}_x(E)),\quad E\sim Q$$

为$g(\theta)$的 Fiducial 模型，在$E\sim Q$下$g(\hat{\theta}_x(E))$的分布为$g(\theta)$的边际 Fiducial 分布.

Xu 和 Li［41］将 Fiducial 模型用于统计推断，讨论了 Fiducial 分布的频率性质.

定义 1.3.5 设 $\{P_\theta,\ \theta\in\Theta\}$ 是一个枢轴分布族，

$$X \stackrel{d}{=} h(\theta,E), \quad E \sim Q,$$

是它的广义枢轴模型，

$$\Theta = \hat{\theta}_x(E), \quad E \sim Q$$

是由定义 1.1.6 得到的 Fiducial 模型. 设 $g(\theta)$ 是 θ 的唯一参数函数，

$$G = g(\hat{\theta}_x(E)), \quad E \sim Q$$

是 $g(\theta)$ 的 Fiducial 模型. 令 E^* 是与枢轴元 E 独立同分布的随机变量，若

(1) 存在 $\Theta \times \varepsilon$ 上的一个二元函数 $K(\cdot,\cdot)$，使得对任意的 $\theta \in \Theta$，e，$e^* \in \varepsilon$，有

$$g(\hat{\theta}_{h(\theta,e^*)}(e)) < g(\theta)$$

当且仅当

$$K(\theta,e) < K(\theta,e^*)$$

成立；

(2) 对任意 $\theta \in \Theta$，$K(\theta,E)$ 在 Q 下的分布函数连续；

则函数 $g(\theta)$ 为正规参数函数.

定理 1.3.1　设定义 1.1.8 中的条件成立，$g(\theta)$ 是正规参数函数，记 $\widetilde{F}_{G(x)}(g)$ 为 $g(\theta)$ 的 Fiducial 分布函数. $\forall \alpha \in (0,1)$，

$$\hat{g}_\alpha(x) = \inf\{g : \widetilde{F}_{G(x)}(g) \geqslant \alpha\}$$

是 Fiducial 分布 $\widetilde{F}_{G(x)}(g)$的 α 分位数，则由

$$P_\theta(g(\theta) < \hat{g}_\alpha(X)) = \alpha$$

对所有 $\theta \in \Theta$ 成立. 也就是说，作为 $g(\theta)$ 的置信下限，$\hat{g}_\alpha(x)$ 具有频率意义下的实际置信水平 $1-\alpha$.

我们计算了很多模型下参数的 Fiducial 分布，发现广义 p 值往往就是原假设在 Fiducial 分布下的概率. 因此，利用 Fiducial 方法能方便地构造出广义检验变量.

例 1.3.1　两指数分布均值差的检验

设 $X_1, X_2, \cdots, X_m, Y_1, Y_2, \cdots, Y_n$ 是分别来自 $G(1,\mu_1)$，$G(1,$

μ_2）的随机样本，$X_i, Y_j, i=1,\cdots,m, j=1,\cdots,n$ 相互独立. 其中，$G(a,b)$ 表示形状参数为 a，尺度参数为 b 的 $Gamma$ 分布. 考虑检验问题

$$H_0: \mu_1 - \mu_2 \leqslant \delta_0 \quad H_1: \mu_1 - \mu_2 > \delta_0 \tag{1.3.1}$$

其中，$\delta_0 > 0$ 是给定的常数. 已知

$$X = \sum_{i=1}^{m} X_i, \quad Y = \sum_{i=1}^{n} Y_i$$

是两个充分统计量. 其中，$X \sim G(m, \mu_1)$，$Y \sim G(n, \mu_2)$. 设 x 和 y 分别是 X 和 Y 的观测值，Tsui 和 Weerahandi [1] 给出了广义检验变量

$$T = T((X,Y);(x,y),(\mu_1,\mu_2)) = \frac{1}{x}\left(\mu_2 \frac{y}{Y} - \mu_1 \frac{x}{X} + \mu_1 - \mu_2\right),$$

但是，并没有给出构造方法. 相应的广义 p 值为

$$p(x,y) = P(T \geqslant 0 \mid \mu_1 - \mu_2 = \delta_0) = P\left(\mu_1 \frac{x}{X} - \mu_2 \frac{y}{Y} \leqslant \delta_0\right). \tag{1.3.2}$$

下面考虑用 Fiducial 方法给出检验问题（1.3.1）的检验.

$$\begin{cases} X = \mu_1 U, \\ Y = \mu_2 V, \end{cases} \quad (U,V) \sim Q,$$

其中，U 和 V 相互独立且 $U \sim G(m,1)$，$V \sim G(n,1)$，Q 是（U, V）的联合分布. 由定义 1.1.6，参数（μ_1, μ_2）的 Fiducial 模型为

$$\begin{cases} M_1 = \dfrac{x}{U}, \\ M_2 = \dfrac{y}{V}, \end{cases} \quad (U,V) \sim Q,$$

其中，x 和 y 分别是 X 和 Y 的观测值. 记 $\theta = (\mu_1, \mu_2)$. 那么，θ 的 *Fiducial* 密度函数为

$$\frac{\dfrac{x}{\mu_1^2}\left(\dfrac{x}{\mu_1}\right)^{m-1} \mathrm{e}^{-\frac{x}{\mu_1}}}{\Gamma(m)} * \frac{\dfrac{y}{\mu_2^2}\left(\dfrac{y}{\mu_2}\right)^{n-1} \mathrm{e}^{-\frac{y}{\mu_2}}}{\Gamma(n)}$$

原假设 $\mu_1 - \mu_2 \leqslant \delta_0$ 在 Fiducial 分布下的概率可表示为

$$Q\left(\frac{x}{U}-\frac{y}{V}\leqslant\delta_0\right).$$

事实上，可以证明这个概率与（1.3.2）是相等的．所以，基于广义检验变量所得的广义 p 值就是原假设下的 Fiducial 概率.

由上节的例子可以看出，利用 Fiducial 模型构造的广义检验变量，与 Tsui 和 Weerahandi [1] 给出的广义检验变量是一致的．但 Tsui 和 Weerahandi 是针对具体问题的特点，通过直观思想构造的，不易理解．在 2006 年前的关于广义推断的文献中，也没有较一般的构造广义检验变量和广义枢轴量的方法. [16] 对各种情况下的例子进行了认真的分析，给出了基于 Fiducial 推断构造广义枢轴量的一般性方法．下面，我们就来介绍这种方法.

设 $X\sim P_\theta$，$\theta\in\Omega$，分布族 $\{P_\theta:\theta\in\Omega\}$ 是枢轴分布族，

$$X\overset{d}{=}h(\theta,E),\quad E\sim Q$$

是广义枢轴模型.

$$\Theta=\hat{\theta}_x(E),\quad E\sim Q$$

是 Fiducial 模型．设 $g(\theta)$ 是参数 θ 的函数，它的 Fiducial 模型为

$$G=g(\hat{\theta}_x(E)),\quad E\sim Q. \tag{1.3.3}$$

考虑单边假设检验问题：

$$H_0:g(\theta)\leqslant\delta_0,\quad H_1:g(\theta)>\delta_0, \tag{1.3.4}$$

利用上面的 Fiducial 模型构造检验变量

$$T_1(X;x,\theta)=g(\theta)-g(\hat{\theta}_x(E))=g(\theta)-g(\hat{\theta}_x(h_\theta^{-1}(X))),$$

注意到 $\hat{\theta}_x(h_\theta^{-1}(x))=\theta$，容易验证：

（1）对于给定的 x，$T_1(X;x,\theta)$ 的分布函数

$$\begin{aligned}F_{T_1}(t)&=P(T_1(X;x,\theta)\leqslant t)\\&=P(g(\theta)-g(\hat{\theta}_x(h_\theta^{-1}(X)))\leqslant t)\\&=Q(g(\theta)-g(\hat{\theta}_x(E))\leqslant t)\end{aligned}$$

仅依赖于兴趣参数 $g(\theta)$，与讨厌参数无关；

(2) $T_1(x;x,\theta)=0$ 与未知参数无关；

(3) 对给定的 x，

$$P(T_1(X;x,\theta)\geqslant 0)=Q(g(\theta)-g(\hat{\theta}_x(E))\geqslant 0)$$
$$=Q(g(\hat{\theta}_x(E))\leqslant g(\theta))$$

是 $g(\theta)$ 的非降函数.

所以，$T_1(x;x,\theta)$ 是广义检验变量. 广义 p 值为

$$p(x)=\sup_{\theta\in H_0}P(T_1(x;x,\theta)\geqslant t_1\mid\theta)$$
$$=P(g(\theta)-g(\hat{\theta}_x(E))\geqslant 0\mid g(\theta)=\delta_0)$$
$$=P(g(\hat{\theta}_x(E))\leqslant\delta_0)$$

下面考虑参数 $g(\theta)$ 的广义枢轴量. 在 $g(\theta)$ 的 Fiducial 模型 (1.3.3) 中，将 E 替换为与之同分布的 $h_\theta^{-1}(X)$，得到

$$T_2(X;x,\theta)=g(\hat{\theta}_x(h_\theta^{-1}(X))),$$

可以验证：

(1) 对给定的 x，$T_2(X;x,\theta)$ 的分布 $P(T_2(X;x,\theta)\leqslant t)=Q(g(\hat{\theta}_x)\leqslant t)$ 与未知参数无关.

(2) $T_2(X;x,\theta)=g(\theta)$ 与讨厌参数无关.

所以，$T_2(X;x,\theta)$ 是 $g(\theta)$ 的广义枢轴量. 显然，它还是 Fiducial 广义枢轴量. 此时，$T_2(X;x,\theta)$ 的分布就是 $g(\theta)$ 的 Fiducial 分布. 这也揭示了广义推断和 Fiducial 推断之间的联系. 在本书中，我们也常称 $T_2(E,x)=g(\hat{\theta}_x(E))$ 为 $g(\theta)$ 的 (Fiducial) 广义枢轴量.

注意到此时，广义检验变量 T_1 和广义枢轴量 T_2 有如下密切关系：$T_1+T_2=g(\theta)$，即广义检验变量和广义枢轴量之和为兴趣参数 $g(\theta)$. 并且，检验问题 (1.3.4) 的广义 p 值也可由 $P(T_2\leqslant\delta_0)$ 给出.

下面，再简单介绍 Hannig，Iyer，Patterson [83] 构造 Fiducial 广义枢轴量的结构性方法. 首先，给出如下定义：

定义 1.3.6 令 $\mathbb{S}=(S_1\cdots,S_k)\in S\subset\mathbb{R}_k$ 是 k 维统计量且它的分布

依赖于 p 维参数 $\xi\in\Sigma$. 假设存在映射 $f_1,\cdots,f_q$ 满足 f_i: $\mathbb{R}_k\times\mathbb{R}_p\to\mathbb{R}$ 且有若 $E_i=f_i(\mathbb{S};\xi)$, $\forall i=1,\cdots,q$, 那么 $\mathbb{E}=(E_1,\cdots,E_q)$ 有与 ξ 无关的联合分布. 我们说, $\mathbf{f}(\mathbb{S},\xi)$ 是 ξ 的枢轴量, 其中 $\mathbf{f}=(f_1,\cdots,f_q)$.

定义 1.3.7 令 $\mathbf{f}(\mathbb{S},\xi)$ 是 ξ 的枢轴量且 $p=q$. 对每个 $\mathrm{s}\in S$, 定义 $\varepsilon(\mathrm{s})=\mathbf{f}(\mathrm{s},\Sigma)$. 假设对每个 $\mathrm{s}\in S$, 映射 $\mathbf{f}(\mathrm{s},\cdot):\Sigma\to\varepsilon(s)$ 是可逆的. 我们说, $\mathbf{f}(\mathbb{S},\xi)$ 是 ξ 的可逆枢轴量. 在这种情况下, 令 $\mathbf{g}(\mathrm{s},\cdot)=(g_1(\mathrm{s},\cdot),\cdots,g_p(\mathrm{s},\cdot))$ 是逆映射. 那么, 若有 $\mathrm{e}=\mathbf{f}(\mathrm{s},\xi)$, 则有 $\mathbf{g}(\mathrm{s},\mathrm{e})=\xi$.

下面的定理给出了当逆枢轴量存在时构造 Fiducial 广义枢轴量的方法.

定理 1.3.2 令$\mathbb{S}=(S_1,\cdots,S_k)\in S\subset\mathbb{R}_k$ 是 k 维统计量且它的分布依赖于 k 维参数 $\xi\in\Sigma$. 假设存在映射 $f_1,\cdots,f_k$ 满足 f_i: $\mathbb{R}_k\times\mathbb{R}_k\to\mathbb{R}$. $\mathbf{f}=(f_1,\cdots,f_k)$ 是可逆枢轴量且有逆映射 $\mathrm{g}(\mathrm{s},\cdot)$, 定义

$$\begin{aligned}R_\theta&=R_\theta(\mathbb{S},\mathbb{S}^*,\xi)\\&=\pi(g_1(\mathbb{S},\mathbf{f}(\mathbb{S}^*,\xi)),\cdots,g_k(\mathbb{S},\mathbf{f}(\mathbb{S}^*,\xi)))\\&=\pi(g_1(\mathbb{S},\mathbb{E}^*),\cdots,g_k(\mathbb{S},\mathbb{E}^*)),\end{aligned}$$

其中, $\mathbb{E}^*=\mathbf{f}(\mathbb{S}^*,\xi)$ 独立于$\mathbb{E}$. 那么, R_θ 是 $\theta=\pi(\xi)$ 的广义枢轴量. 当 θ 是标量参数时, θ 的等尾双边 $1-\alpha$ 置信区间是 $R_{\theta,\alpha/2}\leqslant\theta\leqslant R_{\theta,1-\alpha/2}$. 这里的 $R_{\theta,\gamma}$是给定样本下 R_θ 的分布的 γ 分位点.

容易看出, Hannig, Iyer, Patterson [83] 的结构性方法和我们基于 Fiducial 推断的方法是一致的. 另外, Hannig, Iyer, Patterson [83] 还证明了在正则条件下, 基于 Fiducial 广义枢轴量的广义置信区间具有渐近正确的覆盖概率.

第 2 章　广义推断在可靠性问题中的应用

2.1　广义推断在两元件可靠性问题中的应用

假设一个串联系统由两个元件组成. 我们定义这两个元件的寿命分别是 X 和 Y，那么此系统的寿命为 $\min(X,Y)$，可靠性函数 $G(t)=P(\min(X,Y)>t)$，其中，t 为已知量. 我们的兴趣参数是可靠性函数在某给定的 t 处的值. Varde [60]，Engelhardt，Bain [61]，Roy，Mathew [62] 对单元件的可靠性函数做了研究. Weerahandi，Johnson [22]，Ananda [20]，Ananda，Gamage [21] 应用广义推断方法对多元件的可靠性函数做了研究. 但已有文献中，只是通过模拟研究了所给检验的表现，并没有从理论上证明它们的频率性质. 本节将利用广义枢轴量，给出关于系统可靠性的检验和置信区间，并从理论上证明其频率性质.

2.1.1　假设检验与置信区间

系统中的两元件串联，系统的可靠性为 $G=P(\min(X,Y)>t)$. 令 X 服从对数正态分布，有密度：

$$f(x;\mu_1,\sigma_1^2)=\frac{1}{\sqrt{2\pi}x\sigma_1}\exp\left[-\frac{1}{2}\left(\frac{\ln x-\mu_1}{\sigma_1}\right)^2\right],x>0$$

其中，μ_1，σ_1 是未知参数. 假设 $X_1,X_2,\cdots,X_m$ 是取自这个分布的样本. 假设检验问题是

$$H_0: G\geqslant G_0\quad H_1: G<G_0\tag{2.1.1}$$

其中，$G_0\in(0,1)$ 为已知数. 我们基于样本 $X_1,X_2,\cdots,X_m$ 和 $Y_1,Y_2,\cdots,Y_n$ 来构造 G 的广义枢轴量，其中，假设 Y 服从下面

各小节的概率分布．记

$$\bar{U}=\sum_{i=1}^{m}\frac{U_i}{m},S_1^2=\sum_{i=1}^{m}\frac{(U_i-\bar{U})^2}{m-1},E_1=\frac{\bar{U}-\mu_1}{\sigma_1/\sqrt{m}},$$

$$K_1^2=\frac{(m-1)S_1^2}{\sigma_1^2} \tag{2.1.2}$$

其中，$U_i=\ln X_i$，$i=1,2,\cdots,m$，$E_1\sim N(0,1)$，$K_1^2\sim\chi_{m-1}^2$．

2.1.1.1　Y 服从对数正态分布

假设 Y 服从参数为 μ_2，σ_2^2 的对数正态分布．其可靠性函数为：

$$G=P(\min(X,Y)>t)=(1-P(X\leqslant t))(1-P(Y\leqslant t))$$
$$=\left(1-\Phi\left(\frac{\ln t-\mu_1}{\sigma_1}\right)\right)\left(1-\Phi\left(\frac{\ln t-\mu_2}{\sigma_2}\right)\right)$$

其中 Φ 表示标准正态分布的累积分布函数．令

$$\bar{V}=\sum_{j=1}^{n}\frac{V_j}{n},S_2^2=\sum_{j=1}^{n}\frac{(V_j-\bar{V})^2}{n-1},E_2=\frac{\bar{V}-\mu_2}{\sigma_2/\sqrt{n}},K_2^2=\frac{(n-1)S_2^2}{\sigma_2^2}$$

其中，$V_j=\ln Y_j$，$j=1,\cdots,n$，$E_2\sim N(0,1)$，$K_2^2\sim\chi_{n-1}^2$．容易得到 μ_1，μ_2，σ_1 和 σ_2 的广义枢轴量：

$$R_{\mu_1}=\bar{U}-(\bar{U}^*-\mu_1)\frac{S_1}{S_2^*},R_{\mu_2}=\bar{V}-(\bar{V}^*-\mu_2)\frac{S_2}{S_2^*},$$

$$R_{\sigma_1}=\frac{S_1\sigma_1}{S_1^*},R_{\sigma_2}=\frac{S_2\sigma_2}{S_2^*}$$

其中，$\bar{U}^*$，$\bar{V}^*$，S_1^*，S_2^* 是 $\bar{U}$，$\bar{V}$，S_1，S_2 的独立的复制．那么，G 的广义枢轴量是：

$$R_G=\left(1-\Phi\left(\frac{\ln t-R_{\mu_1}}{R_{\sigma_1}}\right)\right)\left(1-\Phi\left(\frac{\ln t-R_{\mu_2}}{R_{\sigma_2}}\right)\right)$$

假设检验问题式（2.1.1）的广义 p 值为：

$$p_1(x,y)=P(R_G\geqslant G_0\mid\bar{u},\bar{v},s_1,s_2)$$

$$=P\left(\left(1-\Phi\left(\frac{(\ln t-\bar{u})S_1^*}{s_1\sigma_1}+\frac{\bar{U}^*-\mu_1}{\sigma_1}\right)\right)\right.$$

$$\left(1-\Phi\left(\frac{(\ln t-\bar{v})S_2^*}{s_2\sigma_2}+\frac{\bar{V}^*-\mu_2}{\sigma_2}\right)\right)\geqslant G_0\right)$$

其中，$\bar{u}$，$\bar{v}$，s_1，s_2 表示 $\bar{U}$，$\bar{V}$，S_1，S_2 的观测值. p_1 越小，越拒绝原假设.

令给定样本下 R_G 分布的 α 分位点为 l_0. 也就是，$P(R_G\leqslant l_0|\bar{U},\bar{V},S_1,S_2)=\alpha$. 那么，$G$ 的 $1-\alpha$ 广义上置信区间是 $[l_0, 1]$，$1-\alpha$ 广义下置信区间类似可得. 而 G 的 $1-\alpha$ 等尾置信区间是 $[l_1, l_2]$. 其中，l_1 和 l_2 分别是 R_G 的条件 $\alpha/2$ 分位点和条件 $1-\alpha/2$ 分位点.

2.1.1.2　Y 服从指数分布

假设 Y 服从两参数的指数分布，有密度：

$$f(y,\mu_2,\theta)=\frac{1}{\theta}\exp\left(-\frac{y-\mu_2}{\theta}\right),y>\mu_2,\theta>0$$

则兴趣参数变为：

$$\begin{aligned}G&=P(\min(X,Y)>t)\\&=\left(1-\Phi\left(\frac{\ln t-\mu_1}{\sigma_1}\right)\right)\exp\left(-\frac{t-\mu_2}{\theta}\right),t>\mu_2\end{aligned}$$

令 $\hat{\mu}_2=Y_{(1)}$，$\hat{\theta}=1/n\left(\sum_{j=1}^{n}Y_{(j)}-nY_{(1)}\right)$，则有 $A_1=2n(\hat{\mu}_2-\mu_2)/\theta\sim\chi_2^2$，$A_2=2n\hat{\theta}/\theta\sim\chi_{2n-2}^2$. 从而 μ_1，σ_1，μ_2 和 θ 的广义枢轴量分别是：

$$R_{\mu_1}=\bar{U}-(\bar{U}^*-\mu_1)\frac{S_1}{S_1^*},R_{\sigma_1}=\frac{S_1\sigma_1}{S_1^*},$$

$$R_{\mu_2}=\hat{\mu}_2-(\hat{\mu}_2^*-\mu_2)\frac{\hat{\theta}}{\hat{\theta}^*},R_\theta=\theta\frac{\hat{\theta}}{\hat{\theta}^*}$$

G 的广义枢轴量为：

$$R_G=\left(1-\Phi\left(\frac{\ln t-R_{\mu_1}}{R_{\sigma_1}}\right)\right)\exp\left(-\frac{t-R_{\mu_2}}{R_\theta}\right)$$

假设检验问题式（2.1.1）的广义 p 值为：

$$p_2(x,y)=P(R_G\geqslant G_0\mid \bar{u},s_1,\tilde{\mu}_2,\tilde{\theta})$$
$$=P\left(\left(1-\Phi\left(\frac{(\ln t-\bar{u})S_1^*}{s_1\sigma_1}+\frac{\bar{U}^*-\mu_1}{\sigma_1}\right)\right)\right.$$
$$\left.\exp\left(-\frac{t\hat{\theta}^*-(\tilde{\mu}_2-\tilde{\theta}(\hat{\mu}_2^*-\mu_2))}{\theta\tilde{\theta}}\right)\geqslant G_0\right)$$

其中，$\bar{u}$，s_1，$\tilde{\mu}_2$，$\tilde{\theta}$ 分别为 $\bar{U}$，S_1，$\hat{\mu}_2$，$\hat{\theta}$ 的观测值. 广义置信区间由上一小节类似可得.

如果 μ_2 已知且为 0，则 Y 的密度函数退化为单参数指数分布. θ 的广义枢轴量为 $R_\theta=\theta\bar{Y}/\bar{Y}^*$. 其中，$\bar{Y}=\sum_{j=1}^{n}Y_j/n$，$\bar{Y}^*$ 是它独立的复制. 其相应的广义 p 值和置信区间类似可得.

2.1.1.3　Y 服从 Weibull 分布

假设 Y 服从参数为 λ 的指数分布：

$$f(y,\lambda)=a\lambda y^{a-1}\mathrm{e}^{-\lambda y^a},y>0,\lambda>0$$

其中 $a>0$ 已知. 那么，我们的兴趣参数是：

$$G=P(\min(X,Y)>t)=\exp(-\lambda t^a)\left(1-\Phi\left(\frac{\ln t-\mu_1}{\sigma_1}\right)\right)$$

令 $C=\sum_{j=1}^{n}Y_j^a$，$W=2\lambda C$，$W\sim\chi_{2n}^2$，那么，μ_1，σ_1，λ 的广义枢轴量为：

$$R_{\mu_1}=\bar{U}-(\bar{U}^*-\mu_1)\frac{S_1}{S_1^*},R_{\sigma_1}=\frac{S_1\sigma_1}{S_1^*},R_\lambda=\frac{\lambda C^*}{C}$$

G 的广义枢轴量为：

$$R_G=\exp(-R_\lambda t^a)\left(1-\Phi\left(\frac{\ln t-R_{\mu_1}}{R_{\sigma_1}}\right)\right)$$

关于假设检验问题式（2.1.1）的广义 p 值为：

$$p_3(x,y)=P(R_G\geqslant G_0\mid \bar{u},\bar{c},s_1)$$
$$=P\left(\exp\left(-\frac{\lambda C^*t^a}{c}\right)\right.$$
$$\left.\left(1-\Phi\left(\frac{(\ln t-\bar{u})S_1^*}{s_1\sigma_1}+\frac{\bar{U}^*-\mu_1}{\sigma_1}\right)\right)\geqslant G_0\right)$$

其中，$\bar{u}$，$\bar{c}$，s_1 为 $\bar{U}$，$\bar{C}$，S_1 的观测值. 兴趣参数的置信区间，可通过前面介绍的方法得到.

2.1.2 频率性质

本小节研究 $p_1(x,y)$ 的频率性质. 给定 $0<\alpha<1$，令基于 $p_1(x,y)$ 的检验的拒绝域为 $C(\alpha)=\{(x,y): p_1(x,y)\leqslant\alpha\}$，$\xi=(\mu_1,\sigma_1,\mu_2,\sigma_2)$，$\Theta_0=\{\xi: G\geqslant G_0\}$，$\partial H_0=\{\xi: G=G_0\}$，$T=(\bar{U},S_1,\bar{V},S_2)$，$\widetilde{T}=(E_1,K_1,E_2,K_2)$.

定理 2.1.1 证明了当参数趋于 ∂H_0 的边界时，犯第一类错误的概率趋于名义水平 α. 在这之前，先证明一个引理.

引理 2.1.1 假设 X_t，$t\in T\subset\mathbb{R}$，X 是定义在概率空间 $(\Omega,\mathscr{A},P)$ 上的随机向量，$\mathscr{F}$ 是 $\mathscr{A}$ 的子 σ—域，E 是 Borel 集且有 $P(X\in\partial E)=0$. 其中，∂E 表示 E 的边界. 当 $t\to\infty$，$X_t\to X$，a. s.，有

$$P(X_t\in E\mid\mathscr{F})\xrightarrow{d}P(X\in E\mid\mathscr{F})$$

证明：记 E 的闭集和内点集分别为 $\bar{E}$，E°.

$$\begin{aligned}&E[P(X_t\in E\mid\mathscr{F})-P(X\in E\mid\mathscr{F})]^2\\&\leqslant E[E(I(X_t\in E)-I(X\in E))^2\mid\mathscr{F}]\\&=E[I(X_t\in E)-I(X\in E)]^2\\&=P(X_t\notin E,X\in E)+P(X_t\in E,X\notin E)\\&=P(X_t\notin E,X\in E^\circ)+P(X_t\in E,X\notin\bar{E})\end{aligned}$$

因为当 $t\to\infty$ 时有 $X_t\to X$，a. s.，所以，当 t 足够大时，由 $X\in E^\circ$ 可得到 $X_t\in E^\circ$，由 $X_t\notin\bar{E}$ 可推出 $X_t\notin\bar{E}$. 因此，上面式子的右边收敛到 0.

定理 2.1.1 对任何固定的 σ_1，$\sigma_2>0$，有

$$\lim_{\mu_1\to+\infty}P_{\xi\in\partial H_0}(C(\alpha))=\lim_{\mu_1\to\ln t-\sigma_1\Phi^{-1}(1-G_0)}P_{\xi\in\partial H_0}(C(\alpha))=\alpha$$

证明：若 $\xi\in\partial H_0$，则

$$\mu_2=\ln t-\sigma_2\Phi^{-1}\left(1-\frac{G_0}{1-\Phi\left(\frac{\ln t-\mu_1}{\sigma_1}\right)}\right)$$

对任何固定的 σ_1，$\sigma_2>0$，$\mu_1\to+\infty$ 当且仅当 $\mu_2\to\ln t-\sigma_2\Phi^{-1}(1-G_0)$，$\mu_2\to+\infty$ 当且仅当 $\mu_1\to\ln t-\sigma_1\Phi^{-1}(1-G_0)$. 由引理，有

$$\begin{aligned}
&\lim_{\mu_1\to+\infty}P(C(\alpha))\\
&=\lim_{\mu_1\to+\infty}P\left\{P\left[\left(1-\Phi\left(\frac{\left(\ln t-\mu_1-\frac{E_1\sigma_1}{\sqrt{m}}\right)K_1^*}{K_1\sigma_1}+\frac{E_1^*}{\sqrt{m}}\right)\right)\right.\right.\\
&\left.\left.\left(1-\Phi\left(\frac{\left(\ln t-\mu_2-\frac{E_2\sigma_2}{\sqrt{n}}\right)K_2^*}{K_2\sigma_2}+\frac{E_2^*}{\sqrt{n}}\right)\right)\geqslant G_0\mid\tilde{T}\right]\leqslant\alpha\right\}\\
&=P\left\{P\left[\lim_{\mu_1\to+\infty}\left(1-\Phi\left(\frac{\left(\ln t-\mu_1-\frac{E_1\sigma_1}{\sqrt{m}}\right)K_1^*}{K_1\sigma_1}+\frac{E_1^*}{\sqrt{m}}\right)\right)\right.\right.\\
&\left.\left.\left(1-\Phi\left(\frac{\left(\ln t-\mu_2-\frac{E_2\sigma_2}{\sqrt{n}}\right)K_2^*}{K_2\sigma_2}+\frac{E_2^*}{\sqrt{n}}\right)\right)\geqslant G_0\mid\tilde{T}\right]\leqslant\alpha\right\}\\
&=P\left\{P\left[1-\Phi\left(\frac{\left(\Phi^{-1}(1-G_0)-\frac{E_2}{\sqrt{n}}\right)K_2^*}{K_2}+\frac{E_2^*}{\sqrt{n}}\right)\geqslant G_0\mid\tilde{T}\right]\leqslant\alpha\right\}\\
&=P\left\{P\left[\frac{\left(\Phi^{-1}(1-G_0)-\frac{E_2}{\sqrt{n}}\right)K_2^*}{K_2}+\frac{E_2^*}{\sqrt{n}}\leqslant\Phi^{-1}(1-G_0)\mid\tilde{T}\right]\leqslant\alpha\right\}\\
&=P\left\{P\left[\frac{\Phi^{-1}(1-G_0)-\frac{E_2}{\sqrt{n}}}{K_2}\leqslant\frac{\Phi^{-1}(1-G_0)-\frac{E_2^*}{\sqrt{n}}}{K_2^*}\mid\tilde{T}\right]\leqslant\alpha\right\}\\
&=P\left\{1-F\left(\frac{\Phi^{-1}(1-G_0)-\frac{E_2}{\sqrt{n}}}{K_2}\right)\leqslant\alpha\right\}=\alpha
\end{aligned}$$

其中，$F(\cdot)$ 表示 $\dfrac{\Phi^{-1}(1-G_0)-\frac{E_2^*}{\sqrt{n}}}{K_2^*}$ 的累积分布函数.

$\lim\limits_{\mu_1 \to \ln t - \sigma_1 \Phi^{-1}(1-G_0)} P_{\xi \in \partial H_0}(C(\alpha)) = \alpha$ 的证明类似可得.

定理 2.1.1 可用来得到 G 的广义置信区间. 对任何固定的 σ_1，$\sigma_2 > 0$，当 $\mu_1 \to \infty$，有

$$P_{\xi \in \partial H_0}(P(R_G \geqslant G_0 \mid S) \leqslant 1 - \alpha) \to 1 - \alpha$$

令 $P(R_G \leqslant \cdot \mid S) = F(\cdot \mid S)$，由上面的式子可得到

$$P_{\xi \in \partial H_0}(1 - F(G_0 \mid S) \leqslant 1 - \alpha) = P(G_0 \geqslant F^{-1}(\alpha \mid S)) \to 1 - \alpha$$

因此，G 的 $1-\alpha$ 广义置信区间是 $(F^{-1}(\alpha \mid S), +\infty)$ 且具有 $1-\alpha$ 的近似覆盖率.

Hannig，Iyer，Patterson [83] 指出，在正则条件下基于广义枢轴量构造的广义置信区间有渐近的频率覆盖率. 我们知道，置信区间的频率性质可以由检验的犯第一类错误概率来描述. 因此，若 R_G 满足 Hannig，Iyer，Patterson [83] 中的假设 A，那么，其犯第一类错误的概率趋于名义水平.

定理 2.1.2 对任意的 $\alpha \in (0,1)$，

$$\lim_{n \to \infty} \sup_{\xi \in \partial H_0} P(C(\alpha)) = \alpha$$

证明： 对所有的 $\mu_1, \sigma_1, \mu_2, \sigma_2$，有

$$\sqrt{n}(\bar{U}^* - \mu_1, \bar{V}^* - \mu_2, S_1^* - \sigma_1, S_2^* - \sigma_2) \to N$$

其中，N 表示非退化的多元正态分布. R_G 泰勒展开为：

$$\begin{aligned} R_G &= \left[1 - \Phi\left(\frac{(\ln t - \bar{U})S_1^*}{S_1 \sigma_1} + \frac{\bar{U}^* - \mu_1}{\sigma_1}\right)\right] \\ &\quad \left[1 - \Phi\left(\frac{(\ln t - \bar{V})S_2^*}{S_2 \sigma_2} + \frac{\bar{V}^* - \mu_2}{\sigma_2}\right)\right] \\ &= \left(1 - \Phi\left(\frac{\ln t - \bar{U}}{S_1}\right)\right)\left(1 - \Phi\left(\frac{\ln t - \bar{V}}{S_2}\right)\right) \\ &\quad - \left(1 - \Phi\left(\frac{\ln t - \bar{V}}{S_2}\right)\right)\phi\left(\frac{\ln t - \bar{U}}{S_1}\right) \\ &\quad \left(\frac{1}{\sigma_1}(\bar{U}^* - \mu_1) + \frac{\ln t - \bar{U}}{S_1 \sigma_1}(S_1^* - \sigma_1)\right) \end{aligned}$$

$$-\left(1-\Phi\left(\frac{\ln t-\bar{U}}{S_1}\right)\right)\phi\left(\frac{\ln t-\bar{V}}{S_2}\right)$$

$$\left(\frac{1}{\sigma_2}(\bar{V}^*-\mu_2)+\frac{\ln t-\bar{V}}{S_2\sigma_2}(S_2^*-\sigma_2)\right)+r_n$$

其中，r_n 是泰勒展开的余项.

Hannig，Iyer，Patterson [83] 中假设 A 的条件，要求在（μ_1，σ_1，μ_2，σ_2）真值的开域 $\mathscr{A}$ 上成立. 令 $0<m<M$，使得 $|\mu_j|<M$，$m<\sigma_j^2<M$，$j=1,2$. 定义 $\mathscr{A}=\{(\bar{U},\bar{V},S_1,S_2):|\bar{U}|<M,|\bar{V}|<M,m<S_1^2<M,m<S_2^2<M\}$. 逐条验证假设 $\mathscr{A}$ 的条件，即可证明定理.

当 Y 服从指数分布和 Weibull 分布时，可证明类似的频率性质.

2.1.3 模拟研究

本小节给出 G 的置信区间的模拟结果. 在模拟过程中，令置信水平 $1-\alpha=0.95$，循环次数为 10000 次，用来计算广义置信区间的 Monte Carlo 样本量为 10000. 表 2.1～表 2.3 分别给出了三种情况下，双边置信区间的覆盖率（CP）和平均长度（AL），单边上置信区间的覆盖率（UCP）和平均上限（AUL），单边下置信区间的覆盖率（LCP）和平均下限（ALL）. 从模拟结果可以看出：

（1）双边置信区间的 CP 都在置信水平附近；

（2）单边上置信区间覆盖率略小于置信水平，而单边下置信区间的覆盖率略大于置信水平. 当样本量增大或者 μ_1 与 μ_2 的差距增大时，UCP 和 LCP 都接近于名义水平.

当 Y～$Lognormal$（μ_2，σ_2^2）时，G 的覆盖率和平均长度　表 2.1

t	μ_1	σ_1	μ_2	σ_2	m	n	G_0	CP	AL	UCP	AUL	LCP	ALL
0.2	0	1	0	1	5	5	0.895	0.956	0.508	0.908	0.959	0.997	0.528
0.2	0	1	0	1	10	15	0.895	0.950	0.302	0.916	0.948	0.991	0.696

续表

t	μ_1	σ_1	μ_2	σ_2	m	n	G_0	CP	AL	UCP	AUL	LCP	ALL
0.2	0	1	0	1	15	10	0.895	0.954	0.300	0.925	0.950	0.991	0.699
0.2	0	1	0	1	20	20	0.895	0.957	0.219	0.926	0.944	0.982	0.762
0.1	0	1	1	3	5	5	0.855	0.961	0.517	0.923	0.949	0.990	0.510
0.1	0	1	1	3	10	15	0.855	0.940	0.305	0.898	0.924	0.982	0.668
0.1	0	1	1	3	15	10	0.855	0.945	0.341	0.936	0.939	0.969	0.652
0.1	0	1	1	3	20	20	0.855	0.955	0.247	0.941	0.923	0.966	0.716
0.5	1	1	11	1	10	10	0.955	0.935	0.223	0.942	0.988	0.935	0.808
0.5	1	1	11	9	10	10	0.862	0.960	0.356	0.933	0.938	0.987	0.639
0.2	1	1	1	4	10	10	0.740	0.945	0.414	0.940	0.869	0.968	0.517
0.2	2	1	2	4	10	10	0.816	0.947	0.369	0.945	0.925	0.953	0.613
0.2	2	1	2	9	10	10	0.656	0.944	0.435	0.950	0.817	0.943	0.446

当$Y \sim Exponential\ (0,\ \theta)$时，$G$的覆盖率和平均长度　表2.2

t	μ_1	σ_1	θ	m	n	G_0	CP	AL	UCP	AUL	LCP	ALL
1	1	1	100	5	5	0.833	0.948	0.481	0.945	0.943	0.944	0.538
1	1	1	100	10	15	0.833	0.943	0.350	0.942	0.929	0.943	0.635
1	1	1	100	15	10	0.833	0.951	0.289	0.951	0.919	0.952	0.676
1	1	1	100	20	20	0.833	0.943	0.251	0.945	0.912	0.940	0.701
1	2	2	100	5	5	0.833	0.952	0.480	0.956	0.945	0.948	0.542
1	2	2	100	10	15	0.833	0.943	0.349	0.938	0.929	0.951	0.637
1	2	2	100	15	10	0.833	0.948	0.289	0.952	0.919	0.949	0.677
1	2	2	100	20	20	0.833	0.948	0.249	0.954	0.914	0.942	0.704
0.2	1	1	1	10	10	0.815	0.953	0.231	0.927	0.877	0.971	0.684
0.5	1	1	50	10	10	0.945	0.954	0.227	0.953	0.979	0.951	0.796
1	1	1	200	10	10	0.837	0.950	0.356	0.947	0.932	0.947	0.633
1	3	1	20	10	10	0.950	0.958	0.102	0.921	0.967	0.986	0.888
1	2	2	50	10	10	0.825	0.946	0.348	0.945	0.919	0.953	0.627
1	2	2	200	10	10	0.837	0.946	0.347	0.943	0.936	0.951	0.645
1	3	3	20	10	10	0.800	0.940	0.338	0.944	0.896	0.948	0.612
1	3	3	50	10	10	0.825	0.961	0.347	0.949	0.922	0.963	0.630
1	3	3	200	10	10	0.837	0.948	0.356	0.941	0.931	0.964	0.631

当$Y \sim Weibull(\lambda)$时，G的覆盖率和平均长度（$a=2$）　表2.3

t	μ_1	σ_1	λ	m	n	G_0	CP	AL	UCP	AUL	LCP	ALL
0.5	1	1	1	5	5	0.744	0.958	0.446	0.928	0.848	0.993	0.472
0.5	1	1	1	10	15	0.744	0.945	0.270	0.915	0.812	0.983	0.588
0.5	1	1	1	15	10	0.744	0.955	0.276	0.921	0.824	0.982	0.592
0.5	1	1	1	20	20	0.744	0.946	0.205	0.920	0.805	0.981	0.634
0.5	2	2	1	5	5	0.709	0.946	0.468	0.903	0.823	0.990	0.428
0.5	2	2	1	10	15	0.709	0.948	0.299	0.931	0.793	0.969	0.544
0.5	2	2	1	15	10	0.709	0.953	0.293	0.934	0.797	0.971	0.551
0.5	2	2	1	20	20	0.709	0.935	0.225	0.919	0.779	0.975	0.590
0.2	1	1	5	10	10	0.815	0.949	0.230	0.924	0.877	0.976	0.685
0.1	1	1	10	10	10	0.904	0.966	0.135	0.938	0.939	0.983	0.827
0.5	3	1	1	10	10	0.779	0.958	0.249	0.937	0.858	0.962	0.648
0.2	3	1	5	10	10	0.819	0.944	0.211	0.948	0.886	0.953	0.709
0.1	3	1	10	10	10	0.905	0.956	0.121	0.942	0.941	0.951	0.840
0.2	3	3	5	10	10	0.768	0.949	0.296	0.916	0.842	0.982	0.596
0.1	3	3	10	10	10	0.870	0.944	0.236	0.917	0.915	0.977	0.723
0.2	1	3	1	10	10	0.776	0.957	0.364	0.949	0.884	0.962	0.577
0.1	1	3	5	10	10	0.822	0.935	0.328	0.925	0.903	0.950	0.630
0.1	1	3	10	10	10	0.782	0.955	0.326	0.940	0.868	0.961	0.597

所以，通过模拟结果可以看出本节所给的广义置信区间具有好的表现.

2.2　广义推断在多元件串联系统可靠性问题中的应用

2.2.1　平衡状态下的假设检验与置信区间

在本小节中，考虑平衡状态下拥有m个元件的串联系统在三种不同的分布下的可靠性函数的假设检验与置信区间. 串联是可靠性系统中最基本的连接方式，也是最主要的连接方式. 我们知道，在串联系统当中，只要一个元件被损坏时，系统就会被破坏. 因此，系统被破坏的因素不仅取决于元件的数量，同时也取决于这些元件个体的寿命. 如果分别将各个元件的寿命表示为 $X_1, X_2, X_3, \cdots, X_m$，那么 $\min(X_1, X_2, X_3, \cdots, X_m)$就可作为这个系统的寿命. 因此，可靠性函数就是 $G(t)=P(\min(X_1, X_2, X_3, \cdots, X_m)>t)$，其在一些固定数值上的函数值将是本章要研究的兴趣参数.

2.2.1.1 对数正态分布下的系统可靠性函数的假设检验与置信区间

对数正态分布在工程工业、医学、经济学等很多领域的应用都非常广，比如：某些半导体元件的寿命、产品的抗辐射能力、期货债券的交易量，很多时候都服从对数正态分布. 因此，对数正态分布是生活及应用当中最为常见的分布之一，同时也是在统计学中我们经常研究的分布. 所以，对元件寿命服从对数正态分布的系统可靠性进行统计推断是非常重要的. 假设有 m 个元件串联连接在系统当中，那么系统的可靠性即可记为 $G(t)=P(\min(X_1, X_2, X_3, \cdots, X_m)>t)$，其中，$X_1, X_2, X_3, \cdots, X_m$ 分别是这 m 个元件的寿命，t 是一个已知的常数. 令 $X_1, X_2, X_3, \cdots, X_m$ 服从于对数正态分布，它们分别有概率密度函数：

$$f(x_i;\mu_i,\sigma_i^2)=\frac{1}{\sqrt{2\pi}x_i\sigma_i}\exp\left[-\frac{1}{2}\left(\frac{\ln x_i-\mu_i}{\sigma_i}\right)^2\right], x_i>0$$

其中，$\mu_1, \mu_2, \cdots, \mu_m, \sigma_1, \sigma_2, \cdots, \sigma_m$ 分别是 $X_1, X_2, X_3, \cdots, X_m$ 的均值与标准差，且都是未知参数. 在本节中，我们考虑平衡状态下的系统可靠性函数的广义推断. 我们有 $X_{i1}, X_{i2}, \cdots, X_{in}$是取自 X_i 的分布的样本，其中 $i=1, 2, \cdots, m$. 我们的检验问题如下所示：

$$\begin{cases} H_0: G\geqslant G_0 \\ H_1: G<G_0 \end{cases} \tag{2.2.1}$$

其中，$G_0\in(0,1)$，是一个已知的常数. 接下来，我们要基于样本 $X_{i1}, X_{i2}, \cdots, X_{in}$来构造 G 的广义枢轴量. 如下所示，记：

$$\bar{U}_i = \sum\nolimits_{j=1}^{n} \frac{U_{ij}}{n}, S_i^2 = \sum\nolimits_{j=1}^{n} \frac{(U_{ij} - \bar{U}_i)^2}{n-1}, E_i = \frac{\bar{U}_i - \mu_i}{\sigma_i/\sqrt{n}},$$

$$K_i^2 = \frac{(n-1)S_i^2}{\sigma_i^2}$$

其中，$U_{ij} = \ln X_{ij}$，$j=1,2,\cdots,n$，$E_i \sim N(0,1)$，$K_i^2 \sim \chi_{n-1}^2$.

下面，根据文献［43］所采用的方法来构造广义枢轴量. 据上所述，我们有：

$$R_{\mu_i} = \bar{U}_i - E_i^* \frac{R_{\sigma_i}}{\sqrt{n}}, R_{\sigma_i} = \frac{\sqrt{n-1}S_i}{K_i^*} \tag{2.2.2}$$

又有，E_i^*、K_i^* 分别是 E_i、K_i 的独立的复制，且 $E_i^* = \dfrac{\bar{U}_i^* - \mu_i}{\sigma_i/\sqrt{n}}$，

$K_i^* = \dfrac{\sqrt{n-1}S_i^*}{\sigma_i}$，其中，$\bar{U}_i^*$，$S_i^*$ 分别是 $\bar{U}_i$，S_i 的独立的复制. 我们将其带入式（2.2.2），即可得到 μ_i、σ_i 的广义枢轴量，如下所示：

$$R_{\mu_i} = \bar{U}_i - (\bar{U}_i^* - \mu_i)\frac{S_i}{S_i^*}, R_{\sigma_i} = \frac{S_i\sigma_i}{S_i^*}$$

我们知道，这个系统的可靠性函数为：

$$\begin{aligned} G &= P(\min(X_1, X_2, X_3, \cdots, X_m) > t) \\ &= P(X_1 > t, X_2 > t, \cdots, X_m > t) \\ &= P(X_1 > t)P(X_2 > t)\cdots P(X_m > t) \\ &= \prod_{i=1}^{m}(1 - P(X_i \leqslant t)) \\ &= \prod_{i=1}^{m}\left(1 - P\left(\frac{\ln X_i - \mu_i}{\sigma_i} \leqslant \frac{\ln t - \mu_i}{\sigma_i}\right)\right) \\ &= \prod_{i=1}^{m}\left(1 - \Phi\left(\frac{\ln t - \mu_i}{\sigma_i}\right)\right) \end{aligned}$$

其中，Φ 表示标准正态分布的累积分布函数. 由此我们可以得出，G 的广义枢轴量是：

$$R_G=\prod_{i=1}^{m}\left(1-\Phi\left(\frac{\ln t-R_{\mu_i}}{R_{\sigma_i}}\right)\right)$$

$$=\prod_{i=1}^{m}\left[1-\Phi\left[\frac{\ln t-\left(\bar{U}_i-(\bar{U}_i^*-\mu_i)\dfrac{S_i}{S_i^*}\right)}{\sigma_i}\times\frac{S_i^*}{S_i}\right]\right]$$

$$=\prod_{i=1}^{m}\left(1-\Phi\left(\frac{S_i^*(\ln t-\bar{U}_i)}{S_i\sigma_i}+\frac{\bar{U}_i^*-\mu_i}{\sigma_i}\right)\right)$$

由此可得，假设检验问题式（2.2.1）的广义 p 值为：

$$p_1(x_1,x_2,x_3,\cdots,x_m)$$

$$=P(R_G\geqslant G_0\mid \bar{u}_1,\bar{u}_2,\cdots,\bar{u}_m,s_1,s_2,\cdots,s_m)$$

$$=P\left(\prod_{i=1}^{m}\left(1-\Phi\left(\frac{S_i^*(\ln t-\bar{u}_i)}{S_i\sigma_i}+\frac{\bar{U}_i^*-\mu_i}{\sigma_i}\right)\right)\geqslant G_0\right)$$

其中，$\bar{u}_1,\bar{u}_2,\cdots,\bar{u}_m$，$s_1,s_2,\cdots,s_m$ 分别是 $\bar{U}_1,\bar{U}_2,\cdots,\bar{U}_m$，$S_1$，$S_2,\cdots,S_m$ 观测值．这个广义 p 值可以通过蒙特卡罗模拟方法计算得到．在给定的检验水平下，如果广义 p 值比名义水平 α 小，那么我们就拒绝原假设 H_0．很显然，当广义 p 值越小时，越拒绝原假设．

下面，我们来求 G 的广义置信区间．G 的广义置信区间可以通过上面所构造的广义枢轴量来获得．令给定样本下 R_G 分布的 α 分位点为 l_0，那么，我们可以得到 $P(R_G\leqslant l_0\mid\bar{U}_1,\bar{U}_2,\cdots,\bar{U}_m,S_1,S_2,\cdots,S_m)=\alpha$．从而，$G$ 的 $1-\alpha$ 广义上置信区间为 $[l_0,1]$，$1-\alpha$ 广义下置信区间可用类似的方法获得；再有，G 的双边置信区间为 $[l_1,l_2]$，在此之中，l_1 和 l_2 分别是 R_G 分布下的条件 $\alpha/2$ 分位点和条件 $1-\alpha/2$ 分位点．

2.2.1.2 指数分布下的系统可靠性函数的假设检验与置信区间

指数分布的应用非常广泛．在日本的工业标准和美国的军用标准中，半导体器件的抽样方案都是采取的指数分布．同时，指数分布也是大型复杂系统的平均间隔时间的失效分布．指数分布是实际应用当中很多系统元件寿命服从的分布．本小节我们研究平衡状态下元件寿命服从指数分布的一般串联系统可靠性函数的广义推断. 如果 $X_1,X_2,X_3,\cdots,X_m$ 这 m 个系统元件的寿命，服从于两个参数的指数分布，它们的概率密度函数分别是：

$$f(x_i,\mu_i,\theta_i)=\frac{1}{\theta_i}\exp\left(-\frac{x_i-\mu_i}{\theta_i}\right),x_i>\mu_i,\theta_i>0$$

其中，μ_i、θ_i 均为未知参数. 在平衡状态下，我们有 $X_{i1},X_{i2},\cdots,X_{in}$是取自 X_i 的分布的样本. 相对于对数正态分布不同的是，我们要给出每个样本的顺序统计量，以便我们构造枢轴量. 因此，我们定义 $X_{i(1)},X_{i(2)},\cdots,X_{i(n)}$ 是 $X_{i1},X_{i2},\cdots,X_{in}$ 的顺序统计量. 记：$\hat{\mu}_i=X_{i(1)}$，$\hat{\theta}_i=1/n\left(\sum_{j=1}^{n}X_{i(j)}-nX_{i(1)}\right)$，我们有：

$$A_i=2n(\hat{\mu}_i-\mu_i)/\theta_i\sim\chi_2^2,B_i=2n\hat{\theta}_i/\theta_i\sim\chi_{2n-2}^2\quad(2.2.3)$$

下面，我们来构造 μ_i、θ_i 的广义枢轴量. 由式（2.2.3）可得：

$$R_{\mu_i}=\hat{\mu}_i-\frac{A_i^*\hat{\theta}_i}{B_i^*},R_{\theta_i}=\frac{2n\hat{\theta}_i}{B_i^*}$$

其中，A_i^*、B_i^* 分别是 A_i、B_i 的独立的复制且 $A_i^*=2n(\hat{\mu}_i^*-\mu_i)/\theta_i$，$B_i^*=2n\hat{\theta}_i^*/\theta_i$，$\hat{\mu}_i^*$、$\hat{\theta}_i^*$ 分别是 $\hat{\mu}_i$、$\hat{\theta}_i$ 的独立的复制. 将其带入式（2.2.3），可得 μ_i、θ_i 的广义枢轴量，如下所示：

$$R_{\mu_i}=\hat{\mu}_i-(\hat{\mu}_i^*-\mu_i)\frac{\hat{\theta}_i}{\hat{\theta}_i^*},R_{\theta_i}=\theta_i\frac{\hat{\theta}_i}{\hat{\theta}_i^*}$$

可靠性函数仍然是 $G(t)=P(\min(X_1,X_2,X_3,\cdots,X_m)>t)$，但我们的兴趣参数变为：

$$\begin{aligned}G&=P(\min(X_1,X_2,X_3,\cdots,X_m)>t)\\&=P(X_1>t,X_2>t,\cdots,X_m>t)\\&=P(X_1>t)P(X_2>t)\cdots P(X_m>t)\\&=\prod_{i=1}^{m}(1-P(X_i\leqslant t))\\&=\prod_{i=1}^{m}\exp\left(-\frac{t-\mu_i}{\theta_i}\right),t>\mu_i\end{aligned}$$

据上所述，我们就可得出 G 的广义枢轴量：

$$R_G=\prod_{i=1}^{m}\exp\left(-\frac{t-R_{\mu_i}}{R_{\theta_i}}\right)$$

$$=\prod_{i=1}^{m}\exp\left(-\frac{t-\left(\hat{\mu}_i-(\hat{\mu}_i^*-\mu_i)\frac{\hat{\theta}_i}{\hat{\theta}_i^*}\right)}{\theta_i}\times\frac{\hat{\theta}_i^*}{\hat{\theta}_i}\right)$$

$$=\prod_{i=1}^{m}\exp\left(-\frac{t\hat{\theta}_i^*-(\hat{\mu}_i\hat{\theta}_i^*-(\hat{\mu}_i^*-\mu_i)\hat{\theta}_i)}{\theta_i\hat{\theta}_i}\right)$$

假设检验问题式（2.2.1）的广义 P 值为：

$$p_2(x_1,x_2,x_3,\cdots,x_m)$$

$$=P(R_G\geqslant G_0\mid\tilde{\mu}_1,\tilde{\mu}_2,\cdots,\tilde{\mu}_m,\tilde{\theta}_1,\tilde{\theta}_2,\cdots,\tilde{\theta}_m)$$

$$=P\left(\prod_{i=1}^{m}\exp\left(-\frac{t\hat{\theta}_i^*-(\tilde{\mu}_i\hat{\theta}_i^*-(\hat{\mu}_i^*-\mu_i)\tilde{\theta}_i)}{\theta_i\tilde{\theta}_i}\right)\geqslant G_0\right)$$

其中，$\tilde{\mu}_1,\tilde{\mu}_2,\cdots,\tilde{\mu}_m$，$\tilde{\theta}_1,\tilde{\theta}_2,\cdots,\tilde{\theta}_m$ 分别是 $\hat{\mu}_1,\hat{\mu}_2,\cdots,\hat{\mu}_m$，$\hat{\theta}_1$，$\hat{\theta}_2,\cdots,\hat{\theta}_m$ 的观测值. 这个广义 p 值，我们同样可以通过蒙特卡罗模拟方法计算得到. 在给定的检验水平下，如果广义 p 值比名义水平 α 小，那么就拒绝原假设 H_0. 很显然，当广义 p 值越小时，越拒绝原假设.

下面的问题就是来求 G 的广义置信区间. G 的广义置信区间可以通过我们上面所构造的广义枢轴量来获得. 给定样本下 R_G 分布的 α 分位点为 l_0，那么，我们可以得到 $P(R_G\leqslant l_0\mid\hat{\mu}_1,\hat{\mu}_2,\cdots,\hat{\mu}_m,\hat{\theta}_1,\hat{\theta}_2,\cdots,\hat{\theta}_m)=\alpha$. 从而，$G$ 的 $1-\alpha$ 广义上置信区间是 $[l_0, 1]$，$1-\alpha$ 广义下置信区间可用类似的方法获得. 进一步，G 的双边置信区间是 $[l_1, l_2]$. 其中，l_1 和 l_2 分别是 R_G 分布的条件 $\alpha/2$ 分位点和条件 $1-\alpha/2$ 分位点.

如果 $\mu_1,\mu_2,\cdots,\mu_m$ 已知且全部为 0，那么 $X_1,X_2,X_3,\cdots,X_m$ 的概率密度函数就退化为单参数的指数分布. 这种情况下，$\theta_1,\theta_2,\cdots,\theta_m$ 的广义枢轴量就比较容易求出. 下面简单给出相应的结果. $\theta_1, \theta_2, \cdots, \theta_m$ 的广义枢轴量分别为：

$$R_{\theta_i} = \theta_i \bar{X}_i / \bar{X}_i^*$$

其中，$\bar{X}_i = \sum_{j=1}^{n} X_{ij}/n, i = 1, 2, \cdots, m$，而且 $\bar{X}_i^*$ 是 $\bar{X}_i$ 的一个独立的复制. 它相应的广义 p 值和广义置信区间，可用上面的方法类似求得.

2.2.1.3　Weibull 分布下的可靠性函数的假设检验与置信区间

Weibull 分布是可靠性研究领域用得最为广泛的分布之一，比如电气绝缘、医药科研、微电子等领域. 因此，它也是实际应用当中备受关注的研究对象. 本小节，我们研究平衡状态下的元件寿命服从 Weibull 分布的一般串联系统可靠性函数的广义推断. 如果 $X_1, X_2, X_3, \cdots, X_m$ 这 m 个系统元件的寿命服从于参数为 λ 的 Weibull 分布，它们的概率密度函数分别是：

$$f(x_i, \lambda_i) = a\lambda_i x_i^{a-1} e^{-\lambda_i x_i^a}, x_i > 0, \lambda_i > 0$$

其中，已知 $a>0$，λ_i 是未知参数. 我们有，$X_{i1}, X_{i2}, \cdots, X_{in}$ 是取自 X_i 的分布的样本.

下面，我们来构造 λ_i 的广义枢轴量. 记：$C_i = \sum_{j=1}^{n} X_{ij}^a$，$W_i = 2\lambda_i C_i$，$W_i \sim \chi_{2n}^2$，我们有 $R_{\lambda_i} = \dfrac{W_i^*}{2C_i}$. 其中，$W_i^*$ 是 W_i 的独立复制且 $W_i^* = 2\lambda_i C_i^*$，C_i^* 是 C_i 的一个独立的复制. 将 W_i^* 的表达式带入即可以得到 λ_i 的广义枢轴量为：$R_{\lambda_i} = \lambda_i C_i^* / C_i$. 可靠性函数仍然是 $G(t) = P(\min(X_1, X_2, X_3, \cdots, X_m) > t)$，但我们的兴趣参数变为：

$$\begin{aligned} G &= P(\min(X_1, X_2, X_3, \cdots, X_m) > t) \\ &= P(X_1 > t, X_2 > t, \cdots X_m > t) \\ &= P(X_1 > t)P(X_2 > t)\cdots P(X_m > t) \\ &= \prod_{i=1}^{m}(1 - P(X_i \leqslant t)) \\ &= \prod_{i=1}^{m}\exp(-\lambda_i t^a) \end{aligned}$$

我们就可以根据上述来构造 G 的广义枢轴量，如下所示：

$$R_G=\prod_{i=1}^{m}\exp(-R_{\lambda i}t^a)=\prod_{i=1}^{m}\exp\left(-\frac{\lambda_i C_i^*}{C_i}t^a\right)$$

那么，假设检验问题（2.2.1）的广义 p 值为：

$$\begin{aligned}p_3(x_1,x_2,x_3,\cdots,x_m)&=P(R_G\geqslant G_0\mid c_1,c_2,\cdots,c_m)\\&=P\left(\prod_{i=1}^{m}\exp\left(-\frac{\lambda_i C_i^*}{c_i}t^a\right)\geqslant G_0\right)\end{aligned}$$

其中，$c_1,c_2,\cdots,c_m$ 是 $C_1,C_2,\cdots,C_m$ 的观测值. 这个广义 p 值，我们同样也可以通过蒙特卡罗模拟方法计算得到. 在给定的检验水平下，如果广义 p 值比名义水平 α 小，那么就拒绝原假设 H_0. 很显然，当广义 p 值越小的时候，越拒绝原假设.

下面，我们来求 G 的广义置信区间. G 的广义置信区间可以通过我们上面所构造的广义枢轴量来获得. 如果令给定的样本 R_G 分布的 α 分位点为 l_0，那么，我们可以得到 $P(R_G\leqslant l_0|\lambda_1,\lambda_2,\cdots,\lambda_m)=\alpha$. 从而，$G$ 的 $1-\alpha$ 广义上置信区间是 $[l_0, 1]$，$1-\alpha$ 广义下置信区间可用类似的方法获得. 进一步，G 的双边置信区间是 $[l_1, l_2]$. 其中，l_1 和 l_2 分别是 R_G 的条件 $\alpha/2$ 分位点和条件 $1-\alpha/2$ 分位点.

2.2.2 不平衡状态下的假设检验与置信区间

现在，我们在前一小节的基础上，研究不平衡状态下拥有 m 个元件的串联系统在三种不同的分布下的可靠性函数的假设检验与置信区间. 同上所述，如果分别将各个元件的寿命表示为 $X_1,X_2,X_3,\cdots,X_m$，那么就可以令 $\min(X_1,X_2,X_3,\cdots,X_m)$ 作为这个系统的寿命. 因此，可靠性函数就是 $G(t)=P(\min(X_1,X_2,X_3,\cdots,X_m)>t)$，在一些固定数值上的函数值将是本节要研究的兴趣参数.

2.2.2.1 对数正态分布下的系统可靠性函数的假设检验与置信区间

根据前文所述，拥有 m 个元件的串联系统的可靠性函数可以

表示为 $G(t)=P(\min(X_1,X_2,X_3,\cdots,X_m)>t)$. 其中，$X_1,X_2,X_3,\cdots,X_m$ 分别是这 m 个元件的寿命，t 是一个已知的常数. 令 $X_1,X_2,X_3,\cdots,X_m$ 服从于对数正态分布，它们分别有概率密度函数：

$$f(x_i;\mu_i,\sigma_i^2)=\frac{1}{\sqrt{2\pi}x_i\sigma_i}\exp\left[-\frac{1}{2}\left(\frac{\ln x_i-\mu_i}{\sigma_i}\right)^2\right],x_i>0$$

其中，$\mu_1,\mu_2,\cdots,\mu_m$，$\sigma_1,\sigma_2,\cdots,\sigma_m$ 分别是 $X_1,X_2,X_3,\cdots,X_m$ 的均值与标准差，且都是未知参数. 与上一小节不同的是，我们考虑不平衡状态下的系统可靠性函数的广义推断. 我们有，$X_{i1},X_{i2},\cdots,X_{in_i}$ 是取自 X_i 的分布的样本. 我们仍然考虑式（2.2.1）所示的假设检验问题. 接下来，我们要基于样本 $X_{i1},X_{i2},\cdots,X_{in_i}$ 来构造 G 的广义枢轴量. 在这里，我们构造广义枢轴量的方法与前面的方法类似，不再详述其过程，结果如下. 记：

$$\bar{U}_i=\sum\nolimits_{j=1}^{n_i}\frac{U_{ij}}{n_i},S_i^2=\sum\nolimits_{j=1}^{n_i}\frac{(U_{ij}-\bar{U}_i)^2}{n_i-1},E_i=\frac{\bar{U}_i-\mu_i}{\sigma_i/\sqrt{n_i}},$$

$$K_i^2=\frac{(n_i-1)S_i^2}{\sigma_i^2}$$

其中，$U_{ij}=\ln X_{ij}$，$i=1,2,\cdots,m$，$j=1,2,\cdots,n_i$，$E_i\sim N(0,1)$，$K_i^2\sim\chi_{n_i-1}^2$.

那么，我们现在给出 $\mu_1,\mu_2,\cdots,\mu_m$，$\sigma_1,\sigma_2,\cdots,\sigma_m$ 的广义枢轴量，如下所示：

$$R_{\mu_i}=\bar{U}_i-(\bar{U}_i^*-\mu_i)\frac{S_i}{S_i^*},R_{\sigma_i}=\frac{S_i\sigma_i}{S_i^*}$$

其中，$\bar{U}_i^*$，S_i^* 分别是 $\bar{U}_i$，S_i 的独立的复制. 这个系统的可靠性函数为：

$$G=P(\min(X_1,X_2,X_3,\cdots,X_m)>t)=\prod_{i=1}^{m}(1-P(X_i\leqslant t))$$

$$=\prod_{i=1}^{m}\left(1-\Phi\left(\frac{\ln t-\mu_i}{\sigma_i}\right)\right)$$

其中，Φ 表示标准正态分布的累积分布函数. 由此我们可以得出，G 的广义枢轴量是：

$$
\begin{aligned}
R_G &= \prod_{i=1}^{m}\left(1-\Phi\left(\frac{\ln t - R_{\mu_i}}{R_{\sigma_i}}\right)\right) \\
&= \prod_{i=1}^{m}\left[1-\Phi\left[\frac{\ln t - \left(\bar{U}_i - (\bar{U}_i^* - \mu_i)\dfrac{S_i}{S_i^*}\right)}{\sigma_i}\times\frac{S_i^*}{S_i}\right]\right] \\
&= \prod_{i=1}^{m}\left(1-\Phi\left(\frac{S_i^*(\ln t - \bar{U}_i)}{S_i\sigma_i}+\frac{\bar{U}_i^* - \mu_i}{\sigma_i}\right)\right)
\end{aligned}
$$

由此可得，假设检验问题（2.2.1）的广义 p 值为：

$$
\begin{aligned}
&p_1(x_1,x_2,x_3,\cdots,x_m) \\
&= P(R_G \geqslant G_0 \mid \bar{u}_1,\bar{u}_2,\cdots,\bar{u}_m,s_1,s_2,\cdots,s_m) \\
&= P\left(\prod_{i=1}^{m}\left(1-\Phi\left(\frac{S_i^*(\ln t - \bar{u}_i)}{s_i\sigma_i}+\frac{\bar{U}_i^* - \mu_i}{\sigma_i}\right)\right)\geqslant G_0\right)
\end{aligned}
$$

其中，$\bar{u}_1,\bar{u}_2,\cdots,\bar{u}_m$，$\bar{s}_1,\bar{s}_2,\cdots,\bar{s}_m$ 分别是 $\bar{U}_1,\bar{U}_2,\cdots,\bar{U}_m$，$S_1$，$S_2,\cdots,S_m$ 观测值. 与前一小节一样，这个广义 p 值可以通过蒙特卡罗模拟方法计算得到. 在给定的检验水平下，如果广义 p 值要比名义水平 α 小，那么就拒绝原假设 H_0. 很显然，当广义 p 值越小时，越拒绝原假设. 关于 G 的广义置信区间的求法，与第一节所述的方法十分类似，在此不再详述.

2.2.2.2 指数分布下的系统可靠性函数的假设检验与置信区间

本小节，我们研究不平衡状态下，元件寿命服从指数分布的一般串联系统可靠性函数的广义推断. 如果 $X_1,X_2,X_3,\cdots$，X_m 这 m 个系统元件的寿命，服从于两个参数的指数分布，它们的概率密度函数分别是：

$$
f(x_i,\mu_i,\theta_i)=\frac{1}{\theta_i}\exp\left(-\frac{x_i-\mu_i}{\theta_i}\right),x_i>\mu_i,\theta_i>0
$$

其中，μ_i、θ_i 均为未知参数. 在不平衡状态下，我们有 X_{i1}，$X_{i2},\cdots,X_{in_i}$ 是取自 X_i 的分布的样本. 下面，我们直接给出 μ_i、θ_i 的广义枢轴量，方法可参考 2.1.2 节. 记：$\hat{\mu}_i=X_{i(1)}$，$\hat{\theta}_i=1/n_i\left(\sum_{j=1}^{n_i}X_{i(j)}-n_iX_{i(1)}\right)$，那么

$$A_i = 2n_i(\hat{\mu}_i - \mu_i)/\theta_i \sim \chi_2^2, B_i = 2n_i\hat{\theta}_i/\theta_i \sim \chi_{2n_i-2}^2$$

由上可得 μ_i、θ_i 的广义枢轴量，如下所示：

$$R_{\mu_i} = \hat{\mu}_i - (\hat{\mu}_i^* - \mu_i)\frac{\hat{\theta}_i}{\hat{\theta}_i^*}, R_{\theta_i} = \theta_i\frac{\hat{\theta}_i}{\hat{\theta}_i^*}$$

其中，$\hat{\mu}_i^*$、$\hat{\theta}_i^*$ 分别是 $\hat{\mu}_i$、$\hat{\theta}_i$ 的一个独立复制. 可靠性函数仍然是 $G(t)=P(\min(X_1, X_2, X_3, \cdots, X_m)>t)$，但我们的兴趣参数则变为：

$$G = P(\min(X_1, X_2, X_3, \cdots, X_m) > t) = \prod_{i=1}^{m}(1 - P(X_i \leqslant t))$$

$$= \prod_{i=1}^{m}\exp\left(-\frac{t-\mu_i}{\theta_i}\right), t > \mu_i$$

据上所述，我们就可得出 G 的广义枢轴量：

$$R_G = \prod_{i=1}^{m}\exp\left(-\frac{t-R_{\mu_i}}{R_{\theta_i}}\right)$$

$$= \prod_{i=1}^{m}\exp\left[-\frac{t-\left(\hat{\mu}_i - (\hat{\mu}_i^* - \mu_i)\dfrac{\hat{\theta}_i}{\hat{\theta}_i^*}\right)}{\theta_i}\times\frac{\hat{\theta}_i^*}{\hat{\theta}_i}\right]$$

$$= \prod_{i=1}^{m}\exp\left[-\frac{t\hat{\theta}_i^* - (\hat{\mu}_i\hat{\theta}_i^* - (\mu_i^* - \mu_i)\hat{\theta}_i)}{\theta_i\hat{\theta}_i}\right]$$

假设检验问题（2.2.1）的广义 p 值为：

$$p_2(x_1, x_2, x_3, \cdots, x_m) = P(R_G \geqslant G_0 \mid \widetilde{\mu}_1, \widetilde{\mu}_2, \cdots, \widetilde{\mu}_m, \widetilde{\theta}_1, \widetilde{\theta}_2, \cdots, \widetilde{\theta}_m)$$

$$= P\left[\prod_{i=1}^{m}\exp\left[-\frac{t\hat{\theta}_i^* - (\widetilde{\mu}_i\hat{\theta}_i^* - (\hat{\mu}_i^* - \mu_i\widetilde{\theta}_i))}{\theta_i\widetilde{\theta}_i}\right] \geqslant G_0\right]$$

其中，$\widetilde{\mu}_1, \widetilde{\mu}_2, \cdots, \widetilde{\mu}_m$，$\widetilde{\theta}_1, \widetilde{\theta}_2, \cdots, \widetilde{\theta}_m$ 分别是 $\hat{\mu}_1, \hat{\mu}_2, \cdots, \hat{\mu}_m$，$\hat{\theta}_1$，$\hat{\theta}_2, \cdots, \hat{\theta}_m$ 的观测值. 这个广义 p 值，我们同样可以用蒙特卡罗模拟方法来计算得到. 在给定的检验水平下，如果广义 p 值比名义水平 α 小，那么就拒绝所定义的原假设 H_0. 显而易见，当广义 p 值越小的时候，越拒绝原假设. 关于 G 的广义置信区间的求法，可参考 2.1.2 节的方法.

下面，我们将考虑不平衡状态下的单参数指数分布的可靠性函数的广义推断. 如果 $\mu_1,\mu_2,\cdots,\mu_m$ 已知且全部为 0，那么，$X_1,X_2,X_3,\cdots,X_m$ 的概率密度函数就退化为单参数的指数分布. 这种情况下，$\theta_1,\theta_2,\cdots,\theta_m$ 的广义枢轴量就比较容易求出. 下面，简单地给出来相应的结果. $\theta_1,\theta_2,\cdots,\theta_m$ 的广义枢轴量分别为：

$$R_{\theta_i}=\theta_i\bar{X}_i/\bar{X}_i^*$$

其中，$\bar{X}_i=\sum_{j=1}^{n_i}X_{ij}/n_i$，$i=1,2,\cdots,m,j=1,2,\cdots,n_i$，而且 $\bar{X}_i^*$ 是 $\bar{X}_i$ 的一个独立的复制. 它的相应的广义 p 值和置信区间，可用上面的方法类似求得.

2.2.2.3 Weibull 分布下的可靠性函数的假设检验与置信区间

本小节，我们研究不平衡状态下元件寿命服从 Weibull 分布的一般串联系统可靠性函数的广义推断. 假设 $X_1,X_2,X_3,\cdots,X_m$ 这 m 个系统元件的寿命服从于参数为 λ 的 Weibull 分布，它们的概率密度函数分别是：

$$f(x_i,\lambda_i)=a\lambda_i x_i^{a-1}\mathrm{e}^{-\lambda_i x_i^a},x_i>0,\lambda_i>0,i=1,2,\cdots m$$

其中，$a>0$ 已知，λ 是未知参数，$X_{i1},X_{i2},\cdots,X_{in_i}$ 是取自 X_i 的分布的样本.

下面，我们依据 2.1.3 节的方法，给出 λ_i 的广义枢轴量. 记 $C_i=\sum_{j=1}^{n_i}X_{ij}^a$，$W_i=2\lambda_i C_i$，$W_i\sim\chi_{2n_i}^2$，那么 λ_i 的广义枢轴量的一般形式为 $R_{\lambda_i}=\lambda_i C_i^*/C_i$. 其中，$C_i^*$ 是 C_i 的独立的复制. 可靠性函数是 $G(t)=P(\min(X_1,X_2,X_3,\cdots,X_m)>t)$，但我们的兴趣参数则变为：

$$G=P(\min(X_1,X_2,X_3,\cdots,X_m)>t)=\prod_{i=1}^{m}(1-P(X_i\leqslant t))$$

$$=\prod_{i=1}^{m}\exp(-\lambda_i t^a)$$

接下来，我们就可以构造 G 的广义枢轴量，如下所示：

$$R_G=\prod_{i=1}^{m}\exp(-R_{\lambda_i}t^a)=\prod_{i=1}^{m}\exp\left(-\frac{\lambda_i C_i^*}{C_i}t^a\right)$$

那么，假设检验问题（2.2.1）的广义 p 值为：

$$p_3(x_1,x_2,x_3,\cdots,x_m)=P(R_G\geqslant G_0\mid c_1,c_2,\cdots,c_m)$$
$$=P\left(\prod_{i=1}^{m}\exp\left(-\frac{\lambda_i C_i^*}{c_i}t^a\right)\geqslant G_0\right)$$

其中，$c_1,c_2,\cdots,c_m$ 是 $C_1,C_2,\cdots,C_m$ 的观测值. 这个广义 p 值我们同样也可以通过蒙特卡罗模拟方法计算得到. 在给定的检验水平下，如果广义 p 值比名义水平 α 小，就拒绝原假设 H_0. 很显然，当广义 p 值越小时，越拒绝原假设. G 的广义置信区间，可以依据 2.1.3 节的方法给出.

2.2.3　频率性质

在本节，我们研究广义 p 值 $p_1(x_1,x_2,x_3,\cdots,x_m)$ 的频率性质，以证明其犯第一类错误的概率趋近于名义水平. 给定 $0<\alpha<1$，将广义 p 值 $p_1(x_1,x_2,x_3,\cdots,x_m)$ 的检验的拒绝域记为 $C(\alpha)=\{(x_1,x_2,x_3,\cdots,x_m):p_1(x_1,x_2,x_3,\cdots,x_m)\leqslant\alpha\}$，记 $\xi=(\mu_1,\mu_2,\cdots,\mu_m,\sigma_1,\sigma_2,\cdots,\sigma_m)$，$\Theta_0=\{\xi:G\geqslant G_0\}$，$\partial H_0=\{\xi:G=G_0\}$，$T=(\bar{U}_1,\bar{U}_2,\cdots,\bar{U}_m,S_1,S_2,\cdots,S_m)$，$\tilde{T}=(E_1,E_2,\cdots,E_m,K_1,K_2,\cdots,K_m)$.

2.2.3.1　平衡状态下频率性质的证明

本节，我们来证明当参数趋于 H_0 的边界时，犯第一类错误的概率趋近于名义水平 α. 在此之前，我们先介绍一个引理：

引理 2.2.1　假设 X_t，$t\in T\in R$，X 是定义在概率空间（Ω，A，P）上的随机向量，$\mathscr{F}$ 是 A 的子 σ-域，E 是 Borel 集且有 $P(X\in\partial E)=0$，其中 ∂E 表示 E 的边界. 那么，当 $t\to\infty$，$X_t\to X$，a.s.，有

$$P(X_t\in E\mid\mathscr{F})\xrightarrow{d}P(X\in E\mid\mathscr{F}).$$

定理 2.2.1　对任何固定的 $\sigma_1,\sigma_2,\cdots,\sigma_m>0$，都有

$$\lim_{\mu_1,\cdots,\mu_{j-1},\mu_{j+1},\cdots,\mu_m\to+\infty} P_{\xi\in\partial H_0}(C(\alpha))=\alpha$$

其中，$j=2,3,\cdots,m$.

证明：很显然，对任意 $i=1,2,3,\cdots,m$，都有

$$\lim_{\mu_i\to+\infty}\Phi\left(\frac{\ln t-\mu_i}{\sigma_i}\right)=0$$

那么，我们有

$$\lim_{\mu_1,\cdots,\mu_{j-1},\mu_{j+1},\cdots,\mu_m\to+\infty} P_{\xi\in\partial H_0}(C(\alpha))$$

$$=\lim_{\mu_1,\cdots,\mu_{j-1},\mu_{j+1},\cdots,\mu_m\to+\infty} P\left\{P\left[\prod_{i=1}^{m}\left(1-\Phi\left(\frac{\left(\ln t-\mu_i-\frac{E_i\sigma_i}{\sqrt{n}}\right)K_i^*}{K_i\sigma_i}+\frac{E_i^*}{\sqrt{n}}\right)\right)\geqslant G_0\mid\tilde{T}\right]\leqslant\alpha\right\}$$

$$=\lim_{\mu_1\to+\infty}P\left\{P\left[\left(1-\Phi\left(\frac{\left(\ln t-\mu_1-\frac{E_1\sigma_1}{\sqrt{n}}\right)K_1^*}{K_1\sigma_1}+\frac{E_1^*}{\sqrt{n}}\right)\right)\left(1-\Phi\left(\frac{\left(\ln t-\mu_j-\frac{E_j\sigma_j}{\sqrt{n}}\right)K_j^*}{K_j\sigma_j}+\frac{E_j^*}{\sqrt{n}}\right)\right)\geqslant G_0\mid\tilde{T}\right]\leqslant\alpha\right\}$$

而此时，我们有 $\xi\in\partial H_0$，从而可以得出：

$$\mu_j=\ln t-\sigma_j\Phi^{-1}\left(1-\frac{G_0}{1-\Phi\left(\frac{\ln t-\mu_1}{\sigma_1}\right)}\right)$$

那么，对任何固定的 $\sigma_1,\sigma_2,\cdots,\sigma_m>0$，$\mu_1\to+\infty$ 当且仅当 $\mu_j\to\ln t-\sigma_j\Phi^{-1}(1-G_0)$，而当 $\mu_j\to+\infty$ 当且仅当 $\mu_1\to\ln t-\sigma_1\Phi^{-1}(1-G_0)$. 根据我们上述的引理 2.3.1，可以得到：

$$\lim_{\mu_1,\cdots,\mu_{j-1},\mu_{j+1},\cdots,\mu_m\to+\infty} P_{\xi\in\partial H_0}(C(\alpha))$$

$$=\lim_{\mu_1\to+\infty}P\left\{P\left[\left(1-\Phi\left(\frac{\left(\ln t-\mu_1-\frac{E_1\sigma_1}{\sqrt{n}}\right)K_1^*}{K_1\sigma_1}+\frac{E_1^*}{\sqrt{n}}\right)\right)\right.\right.$$

$$\left.\left.\left(1-\Phi\left(\frac{\left(\ln t-\mu_j-\frac{E_j\sigma_j}{\sqrt{n}}\right)K_j^*}{K_j\sigma_j}+\frac{E_j^*}{\sqrt{n}}\right)\right)\geqslant G_0\mid\tilde{T}\right]\leqslant\alpha\right\}$$

$$=P\left\{P\left[\lim_{\mu_1\to+\infty}\left(1-\Phi\left(\frac{\left(\ln t-\mu_j-\frac{E_1\sigma_1}{\sqrt{n}}\right)K_1^*}{K_1\sigma_1}+\frac{E_1^*}{\sqrt{n}}\right)\right)\right.\right.$$

$$\left.\left.\left(1-\Phi\left(\frac{\left(\ln t-\mu_j-\frac{E_j\sigma_j}{\sqrt{n}}\right)K_j^*}{K_j\sigma_j}+\frac{E_j^*}{\sqrt{n}}\right)\right)\geqslant G_0\mid\tilde{T}\right]\leqslant\alpha\right\}$$

$$=P\left\{P\left[\lim_{\mu_1\to+\infty}\left(1-\Phi\left(\frac{\left(\ln t-\mu_j-\frac{E_j\sigma_j}{\sqrt{n}}\right)K_j^*}{K_j\sigma_j}+\frac{E_j^*}{\sqrt{n}}\right)\right)\geqslant G_0\mid\tilde{T}\right]\leqslant\alpha\right\}$$

$$=P\left\{P\left[\left(1-\Phi\left(\frac{\left(\Phi^{-1}(1-G_0)-\frac{E_j}{\sqrt{n}}\right)K_j^*}{K_j}+\frac{E_j^*}{\sqrt{n}}\right)\right)\geqslant G_0\mid\tilde{T}\right]\leqslant\alpha\right\}$$

$$=P\left\{P\left[\frac{\left(\Phi^{-1}(1-G_0)-\frac{E_j}{\sqrt{n}}\right)K_j^*}{K_j}+\frac{E_j^*}{\sqrt{n}}\leqslant\Phi^{-1}(1-G_0)\mid\tilde{T}\right]\leqslant\alpha\right\}$$

$$=P\left\{P\left[\frac{\Phi^{-1}(1-G_0)-\frac{E_j}{\sqrt{n}}}{K_j}\leqslant\frac{\Phi^{-1}(1-G_0)-\frac{E_j^*}{\sqrt{n}}}{K_j^*}\mid\tilde{T}\right]\leqslant\alpha\right\}$$

$$=P\left\{1-F\left(\frac{\Phi^{-1}(1-G_0)-\frac{E_j}{\sqrt{n}}}{K_j}\right)\leqslant\alpha\right\}=\alpha$$

其中，$F(\cdot)$ 表示$\dfrac{\Phi^{-1}(1-G_0)-\frac{E_j^*}{\sqrt{n}}}{K_j^*}$的累积分布函数. 命题得证.

也就是说，当参数趋于 ∂H_0 的边界时，犯第一类错误的概率趋近于名义水平 α. 接下来，我们证明大样本定理：

定理 2.2.2 对任意的 $\alpha \in (0,1)$，

$$\lim_{n \to \infty} \sup_{\xi \in \partial H_0} P(C(\alpha)) = \alpha.$$

证明：对所有的 $\mu_1, \mu_2, \cdots, \mu_m$，$\sigma_1, \sigma_2, \cdots, \sigma_m$，有：

$$\sqrt{n}(\bar{U}_1^* - \mu_1, \bar{U}_2^* - \mu_2, \cdots, \bar{U}_m^* - \mu_m, S_1^* - \sigma_1, \cdots,$$
$$S_m^* - \sigma_m) \xrightarrow{D} N = (N_1, \cdots N_m)$$

其中，N 表示非退化的多元正态分布. 令 $\bar{U}^* = (\bar{U}_1^*, \bar{U}_2^*, \cdots, \bar{U}_m^*)$，$\mu(\xi) = (\mu_1, \mu_2, \cdots, \mu_m)$，$\bar{u} = (\bar{u}_1, \bar{u}_2, \cdots, \bar{u}_m)$，假设 $R_G(\bar{u}, \bar{u}^*, \xi)$ 在 $\bar{u}^*$ 处存在且有二阶连续偏导数，那么，G 的广义枢轴量 R_G 泰勒展开为：

$$R_G(\bar{u}, \bar{U}^*, \xi) = g_{0,n}(\bar{u}, \xi) + \sum_{j=1}^{m} g_{1,j,n}(\bar{u}, \xi)(\bar{U}_j^* - \mu_j(\xi))$$
$$+ R_n(\bar{u}, \bar{U}^*, \xi)$$

在这里，

$$g_{0,n}(\bar{u}, \xi) = R_G(\bar{u}, \mu(\xi), \xi)$$
$$g_{0,j,n}(\bar{u}, \xi) = \frac{\partial}{\partial u_j^*} R_G(\bar{u}, \bar{u}^*, \xi)$$

而且

$$R_G(\bar{u}, \bar{u}^*, \xi) = \sum_{i=1}^{m} \sum_{j=1}^{m} (\bar{u}_i^* - \mu_i(\xi))(\bar{u}_j^* - \mu_j(\xi))$$
$$\frac{1}{2} \frac{\partial^2}{\partial \bar{u}_i^* \bar{u}_j^*} R_G(\bar{u}, \tilde{u}, \xi)$$

其中，$\tilde{u}$ 依赖于连接 $\bar{u}^*$ 和 $\mu(\xi)$ 的线性部分.

Hanning，Iyer，Patterson[43] 在文献［43］中，假设 A 的条件要求在（$\mu_1, \mu_2, \cdots, \mu_m, \sigma_1, \sigma_2, \cdots, \sigma_m$）的真值的开域 $\mathscr{A}$ 上成立. 令 $0 < m < M$，使得 $|\mu_j| < M$，$m < \delta_j^2 < M$，$j = 1, 2, \cdots, m$. 定义：

$$\mathscr{A}=\{(\bar{U}_1,\bar{U}_2,\cdots,\bar{U}_m,S_1,S_2,\cdots,S_m):|\bar{U}_j|<M,m<S_j^2<M\}$$

逐条验证假设 A 的条件，即可证明定理.

2.2.3.2　不平衡状态下频率性质的证明

同样，我们先证明小样本频率性质. 虽然证明方法与上一节类似，但是由于广义枢轴量以及广义 p 值的不同，我们依然给出其证明过程.

定理 2.2.3　对任何固定的 $\sigma_1,\sigma_2,\cdots,\sigma_m>0$，都有

$$\lim_{\mu_1,\cdots,\mu_{j-1},\mu_{j+1},\cdots,\mu_m\to+\infty} P_{\xi\in\partial H_0}(C(\alpha))=\alpha$$

其中，$j=2,3,\cdots,m$.

证明：很显然，对任一个 $i=1,2,3,\cdots,m$，都有：

$$\lim_{\mu_i\to+\infty}\Phi\left(\frac{\ln t-\mu_i}{\sigma_i}\right)=0$$

那么，我们有

$$\begin{aligned}&\lim_{\mu_1,\cdots,\mu_{j-1},\mu_{j+1},\cdots,\mu_m\to+\infty} P_{\xi\in\partial H_0}(C(\alpha))\\
=&\lim_{\mu_1,\cdots,\mu_{j-1},\mu_{j+1},\cdots,\mu_m\to+\infty}\\
&P\left\{P\left[\prod_{i=1}^{m}\left(1-\Phi\left(\frac{\left(\ln t-\mu_i-\frac{E_i\sigma_i}{\sqrt{n_i}}\right)K_i^*}{K_i\sigma_i}+\frac{E_i^*}{\sqrt{n_i}}\right)\right)\right.\right.\\
&\left.\left.\geqslant G_0\mid\tilde{T}\right]\leqslant\alpha\right\}\\
=&\lim_{\mu_1\to+\infty}P\left\{\left[P\left(1-\Phi\left(\frac{\left(\ln t-\mu_i-\frac{E_1\sigma_1}{\sqrt{n_1}}\right)K_1^*}{K_1\sigma_1}+\frac{E_1^*}{\sqrt{n_1}}\right)\right)\right.\right.\\
&\left.\left.\left(1-\Phi\left(\frac{\left(\ln t-\mu_j-\frac{E_j\sigma_j}{\sqrt{n_j}}\right)K_j^*}{K_j\sigma_j}+\frac{E_j^*}{\sqrt{n_j}}\right)\right)\geqslant G_0\mid\tilde{T}\right]\leqslant\alpha\right\}\end{aligned}$$

而此时，我们有 $\xi\in\partial H_0$，从而可以得出：

$$\mu_j = \ln t - \sigma_j \Phi^{-1}\left(1 - \frac{G_0}{1 - \Phi \frac{\ln t - \mu_1}{\sigma_1}}\right)$$

那么，对任何固定的 $\sigma_1, \sigma_2, \cdots, \sigma_m > 0$，$\mu_1 \to +\infty$ 当且仅当 $\mu_j \to \ln t - \sigma_j \Phi^{-1}(1 - G_0)$，而 $\mu_j \to +\infty$ 当且仅当 $\mu_1 \to \ln t - \sigma_1 \Phi^{-1}(1 - G_0)$．根据我们上述的引理 2.2.1，可以得到：

$$\lim_{\mu_1, \cdots, \mu_{j-1}, \mu_{j+1}, \cdots, \mu_m \to +\infty} P_{\xi \in \partial H_0}(C(\alpha))$$

$$= \lim_{\mu_1 \to +\infty} P\left\{P\left[\left(1 - \Phi\left(\frac{\left(\ln t - \mu_1 - \frac{E_1 \sigma_1}{\sqrt{n_1}}\right) K_1^*}{K_1 \sigma_1} + \frac{E_1^*}{\sqrt{n_1}}\right)\right)\right.\right.$$

$$\left.\left.\left(1 - \Phi\left(\frac{\left(\ln t - \mu_j - \frac{E_j \sigma_j}{\sqrt{n_j}}\right) K_j^*}{K_j \sigma_j} + \frac{E_j^*}{\sqrt{n_j}}\right)\right) \geqslant G_0 \mid \widetilde{T}\right] \leqslant \alpha\right\}$$

$$= P\left\{P\left[\lim_{\mu_1 \to +\infty}\left(1 - \Phi\left(\frac{\left(\ln t - \mu_1 - \frac{E_1 \sigma_1}{\sqrt{n_1}}\right) K_1^*}{K_1 \sigma_1} + \frac{E_1^*}{\sqrt{n_1}}\right)\right)\right.\right.$$

$$\left.\left.\left(1 - \Phi\left(\frac{\left(\ln t - \mu_j - \frac{E_j \sigma_j}{\sqrt{n_j}}\right) K_j^*}{K_j \sigma_j} + \frac{E_j^*}{\sqrt{n_j}}\right)\right) \geqslant G_0 \mid \widetilde{T}\right] \leqslant \alpha\right\}$$

$$= P\left\{P\left[\lim_{\mu_1 \to +\infty}\left(1 - \Phi\left(\frac{\left(\ln t - \mu_j - \frac{E_j \sigma_j}{\sqrt{n_j}}\right) K_j^*}{K_j \sigma_j} + \frac{E_j^*}{\sqrt{n_j}}\right)\right) \geqslant G_0 \mid \widetilde{T}\right] \leqslant \alpha\right\}$$

$$= P\left\{P\left[\left(1 - \Phi\left(\frac{\left(\Phi^{-1}(1 - G_0) - \frac{E_j}{\sqrt{n_j}}\right) K_j^*}{K_j} + \frac{E_j^*}{\sqrt{n_j}}\right)\right) \geqslant G_0 \mid \widetilde{T}\right] \leqslant \alpha\right\}$$

$$= P\left\{P\left[\frac{\left(\Phi^{-1}(1 - G_0) - \frac{E_j}{\sqrt{n_j}}\right) K_j^*}{K_j} + \frac{E_j^*}{\sqrt{n_j}} \leqslant \Phi^{-1}(1 - G_0) \mid \widetilde{T}\right] \leqslant \alpha\right\}$$

$$=P\left\{P\left[\frac{\Phi^{-1}(1-G_0)-\frac{E_j}{\sqrt{n_j}}}{K_j}\leqslant\frac{\Phi^{-1}(1-G_0)-\frac{E_j^*}{\sqrt{n_j}}}{K_j^*}\,\middle|\,\tilde{T}\right]\leqslant\alpha\right\}$$

$$=P\left\{1-F\left(\frac{\Phi^{-1}(1-G_0)-\frac{E_j}{\sqrt{n_j}}}{K_j}\right)\leqslant\alpha\right\}=\alpha$$

其中，$F(\cdot)$ 表示 $\dfrac{\Phi^{-1}(1-G_0)-\frac{E_j^*}{\sqrt{n_j}}}{K_j^*}$ 的累计分布函数．命题得证． □

大样本定理的证明方法与上一小节平衡状态下的证明方法类似，在此不再赘述．

2.2.4　模拟研究

本小节分别给出了平衡与不平衡状态下 G 的广义置信区间以及广义 p 值的模拟结果．模拟过程中，我们取置信水平为 $1-\alpha=0.95$，内循环次数为 5000 次，外循环次数为 2000 次．表 2.4～表 2.6 分别给出平衡状态下对数正态分布、指数分布、Weibull 分布的模拟结果，表 2.7～表 2.9 分别给出了不平衡状态下对数正态分布、指数分布、Weibull 分布的模拟结果．表中，p 为犯第一类错误的概率，CP 和 AL 分别是双边置信区间覆盖率与平均长度，UCP 和 AUL 分别是单边上置信区间覆盖率和平均上限，LCP 和 ALL 分别是单边下置信区间覆盖率和平均下限．模拟中取不同参数和样本量进行研究．我们从模拟结果可以看出：

（1）犯第一类错误的概率接近于给定的名义水平 0.05．

（2）CP 接近于置信水平．

（3）UCP 略小于置信水平，LCP 略大于置信水平．当样本量增大，UCP 和 LCP 接近于名义水平，广义置信区间表现良好．

表 2.4　当 $X_i \sim Lognormal(\mu_i, \sigma_i)$ 时，G 的覆盖率和平均长度以及犯第一类错误的概率

Table 2.4　when $X_i \sim Lognormal(\mu_i, \sigma_i)$, coverage probabilities and average length of G and the probabilities of Type I error

t	(μ_1, σ_1)	(μ_2, σ_2)	(μ_3, σ_3)	(μ_4, σ_4)	(μ_5, σ_5)	n	G_0	p	CP	AL	UCP	AUL	LCP	ALL
0.2	(0, 1)	(0, 1)	(0, 1)	(0, 1)	(0, 1)	30	0.7586	0.0482	0.9473	0.4988	0.9048	0.8878	0.9638	0.5649
0.2	(0, 1)	(0, 1)	(0, 1)	(0, 1)	(0, 1)	40	0.7586	0.0501	0.9377	0.3187	0.9188	0.8874	0.9624	0.8456
0.2	(0, 1)	(0, 1)	(0, 1)	(0, 1)	(0, 1)	45	0.7586	0.0498	0.9532	0.2998	0.9277	0.9134	0.9564	0.6634
0.2	(0, 1)	(0, 1)	(0, 1)	(0, 1)	(0, 1)	50	0.7586	0.0576	0.9452	0.3452	0.9465	0.9435	0.9420	0.7459
0.1	(0, 1)	(1, 3)	(0, 1)	(1, 3)	(0, 1)	30	0.7238	0.0477	0.9219	0.5173	0.8922	0.9237	0.9665	0.5299
0.1	(0, 1)	(1, 3)	(0, 1)	(1, 3)	(0, 1)	40	0.7238	0.0487	0.9133	0.3078	0.9086	0.9654	0.9527	0.6547
0.1	(0, 1)	(1, 3)	(0, 1)	(1, 3)	(0, 1)	45	0.7238	0.0458	0.9212	0.3568	0.9265	0.8872	0.9478	0.7165
0.1	(0, 1)	(1, 3)	(0, 1)	(1, 3)	(0, 1)	50	0.7238	0.0488	0.9188	0.5438	0.9423	0.8937	0.9502	0.7845
0.5	(1, 1)	(11, 1)	(1, 1)	(11, 1)	(1, 1)	50	0.8704	0.0579	0.9434	0.4532	0.9342	0.9437	0.9409	0.4479
0.5	(1, 1)	(11, 9)	(1, 1)	(11, 9)	(1, 1)	50	0.7098	0.0523	0.9521	0.3896	0.9277	0.9029	0.9488	0.5648
0.2	(1, 1)	(1, 4)	(1, 1)	(1, 4)	(1, 1)	45	0.5444	0.0512	0.9099	0.4144	0.9467	0.9150	0.9376	0.6137
0.2	(2, 1)	(2, 4)	(2, 1)	(2, 4)	(2, 1)	45	0.6665	0.0432	0.9334	0.5434	0.9378	0.8820	0.9536	0.6392
0.2	(2, 1)	(2, 9)	(2, 1)	(2, 9)	(2, 1)	45	0.4299	0.0439	0.9134	0.4358	0.9476	0.9010	0.9456	0.5965

表 2.5 当 $X_i \sim Exponential(\mu_i, \theta_i)$ 时，G 的覆盖率和平均长度以及犯第一类错误的概率

Table 2.5 when $X_i \sim Exponential(\mu_i, \theta_i)$ coverage probabilities and average length of G and the probabilities of Type I error

t	(μ_1, θ_1)	(μ_2, θ_2)	(μ_3, θ_3)	(μ_4, θ_4)	(μ_5, θ_5)	n	G_0	p	CP	AL	UCP	AUL	LCP	ALL
1	(0, 100)	(0, 100)	(0, 100)	(0, 100)	(0, 100)	30	0.9512	0.0567	0.9423	0.4814	0.9348	0.8570	0.9588	0.6332
1	(0, 100)	(0, 100)	(0, 100)	(0, 100)	(0, 100)	40	0.9512	0.0472	0.9562	0.3752	0.9400	0.8678	0.9610	0.5645
1	(0, 100)	(0, 100)	(0, 100)	(0, 100)	(0, 100)	45	0.9512	0.0487	0.9378	0.5437	0.9278	0.9012	0.9623	0.6321
1	(0, 100)	(0, 100)	(0, 100)	(0, 100)	(0, 100)	50	0.9512	0.0508	0.9487	0.2984	0.9527	0.9301	0.9540	0.6430
1	(0, 100)	(2, 100)	(0, 100)	(2, 100)	(0, 100)	30	0.9900	0.0459	0.9014	0.3569	0.9428	0.9414	0.9347	0.5879
1	(0, 100)	(2, 100)	(0, 100)	(2, 100)	(0, 100)	40	0.9900	0.0561	0.9387	0.4671	0.9587	0.9502	0.9420	0.5646
1	(0, 100)	(2, 100)	(0, 100)	(2, 100)	(0, 100)	45	0.9900	0.0579	0.9438	0.3988	0.9476	0.9537	0.9501	0.5732
1	(0, 100)	(2, 100)	(0, 100)	(2, 100)	(0, 100)	50	0.9900	0.0543	0.9537	0.2769	0.9230	0.9243	0.9538	0.5567
0.5	(0, 100)	(0, 100)	(0, 100)	(0, 100)	(0, 100)	40	0.9753	0.0523	0.9300	0.4709	0.9419	0.9174	0.9533	0.6071
0.5	(0, 100)	(0, 100)	(0, 100)	(0, 100)	(0, 100)	50	0.9753	0.0419	0.9402	0.5501	0.9172	0.9327	0.9489	0.6578
1	(0, 50)	(0, 50)	(0, 50)	(0, 50)	(0, 50)	45	0.9048	0.0589	0.9212	0.4310	0.9537	0.9522	0.9527	0.5647
1	(0, 150)	(0, 150)	(0, 150)	(0, 150)	(0, 150)	45	0.9672	0.0543	0.9304	0.3840	0.9270	0.9349	0.9536	0.5570
1	(0, 200)	(0, 200)	(0, 200)	(0, 200)	(0, 200)	45	0.9753	0.0492	0.9257	0.4873	0.9492	0.9633	0.9577	0.5402

当 $X_i \sim Weibull(\lambda_i)$ 时，G 的覆盖率和平均长度以及犯第一类错误的概率（$a=2$）　　表 2.6

when $X_i \sim Weibull(\lambda_i)$, coverage probabilities and average length of G and the probabilities of Type I error（$a=2$）　　Table 2.6

t	λ_1	λ_2	λ_3	λ_4	λ_5	n	G_0	p	CP	AL	UCP	AUL	LCP	ALL
0.1	1	1	1	1	1	30	0.9512	0.0537	0.9454	0.4657	0.9087	0.8324	0.9683	0.4732
0.1	1	1	1	1	1	40	0.9512	0.0461	0.9479	0.2701	0.9376	0.7945	0.9599	0.5883
0.1	1	1	1	1	1	45	0.9512	0.0498	0.9502	0.4509	0.9429	0.8956	0.9676	0.5923
0.1	1	1	1	1	1	50	0.9512	0.0518	0.9537	0.4683	0.9588	0.9423	0.9512	0.6342
0.1	1	5	1	5	1	50	0.8780	0.0499	0.9320	0.2994	0.9302	0.9358	0.9523	0.5709
0.1	1	10	1	10	1	50	0.7945	0.0531	0.9410	0.3470	0.9490	0.8769	0.9620	0.6487
0.1	1	5	1	5	1	40	0.8780	0.0559	0.9534	0.2987	0.9507	0.9034	0.9521	0.5902
0.1	1	10	1	10	1	40	0.7945	0.0533	0.9432	0.3403	0.9212	0.8273	0.9638	0.7809
0.2	1	5	1	5	1	40	0.5945	0.0513	0.9378	0.4332	0.9339	0.9404	0.9655	0.6030
0.2	1	5	1	5	1	50	0.5945	0.0489	0.9456	0.3260	0.9289	0.8357	0.9327	0.6327

当 $X_i \sim Lognormal(\mu_i, \sigma_i)$ 时，G 的覆盖率和平均长度以及犯第一类错误的概率　　表 2.7

when $X_i \sim Lognormal(\mu_i, \sigma_i)$, coverage probabilities and average length of G and the probabilities of Type I error　　Table 2.7

t	(μ_1,σ_1)	(μ_2,σ_2)	(μ_3,σ_3)	(μ_4,σ_4)	(μ_5,σ_5)	(n_1,n_2,n_3,n_4,n_5)	G_0	p	CP	AL	UCP	AUL	LCP	ALL
0.2	(0,1)	(0,1)	(0,1)	(0,1)	(0,1)	(30,35,45,50,55)	0.7586	0.0477	0.9502	0.4984	0.9178	0.8365	0.9621	0.5748
0.2	(0,1)	(0,1)	(0,1)	(0,1)	(0,1)	(45,40,50,55,60)	0.7586	0.0534	0.9421	0.3345	0.9145	0.8479	0.9630	0.8325
0.2	(0,1)	(0,1)	(0,1)	(0,1)	(0,1)	(50,45,55,60,65)	0.7586	0.0478	0.9620	0.2395	0.9325	0.9329	0.9523	0.6897
0.2	(0,1)	(0,1)	(0,1)	(0,1)	(0,1)	(60,50,60,65,70)	0.7586	0.0530	0.9414	0.3236	0.9452	0.9393	0.9487	0.7098
0.1	(0,1)	(1,3)	(0,1)	(1,3)	(0,1)	(30,35,45,50,55)	0.7238	0.0456	0.9320	0.5984	0.9100	0.9457	0.9656	0.5290
0.1	(0,1)	(1,3)	(0,1)	(1,3)	(0,1)	(45,40,50,55,60)	0.7238	0.0423	0.9256	0.3845	0.9365	0.9798	0.9536	0.6578
0.1	(0,1)	(1,3)	(0,1)	(1,3)	(0,1)	(50,45,55,60,65)	0.7238	0.0489	0.9340	0.3045	0.9456	0.8023	0.9462	0.7874
0.1	(0,1)	(1,3)	(0,1)	(1,3)	(0,1)	(60,50,60,65,70)	0.7238	0.0476	0.9239	0.5098	0.9431	0.8056	0.9588	0.7093
0.5	(1,1)	(11,1)	(1,1)	(11,1)	(1,1)	(30,35,45,50,55)	0.8704	0.0564	0.9320	0.4236	0.9508	0.9378	0.9400	0.4094
0.5	(1,1)	(11,9)	(1,1)	(11,9)	(1,1)	(45,40,50,55,60)	0.7098	0.0519	0.9430	0.3875	0.9375	0.9308	0.9520	0.5765
0.2	(1,1)	(1,4)	(1,1)	(1,4)	(1,1)	(45,40,50,55,60)	0.5444	0.0503	0.9198	0.4087	0.9638	0.9367	0.9376	0.6987
0.2	(2,1)	(2,4)	(2,1)	(2,4)	(2,1)	(50,45,55,60,65)	0.6665	0.0475	0.9245	0.5589	0.9279	0.8098	0.9540	0.6890
0.2	(2,1)	(2,9)	(2,1)	(2,9)	(2,1)	(60,50,60,65,70)	0.4299	0.0444	0.9476	0.4453	0.9344	0.9783	0.9421	0.5467

表 2.8 当 $X_i \sim Exponential(\mu_i, \theta_i)$ 时，G 的覆盖率和平均长度以及犯第一类错误的概率

Table 2.8 when $X_i \sim Exponential(\mu_i, \theta_i)$, coverage probabilities and average length of G and the probabilities of Type I error

t	(μ_1,θ_1)	(μ_2,θ_2)	(μ_3,θ_3)	(μ_4,θ_4)	(μ_5,θ_5)	(n_1,n_2,n_3,n_4,n_5)	G_0	p	CP	AL	UCP	AUL	LCP	ALL
1	(0,100)	(0,100)	(0,100)	(0,100)	(0,100)	(30,35,45,50,55)	0.9512	0.0523	0.9417	0.4891	0.9302	0.8532	0.9576	0.6673
1	(0,100)	(0,100)	(0,100)	(0,100)	(0,100)	(45,40,50,55,60)	0.9512	0.0445	0.9562	0.3023	0.9398	0.8543	0.9632	0.5959
1	(0,100)	(0,100)	(0,100)	(0,100)	(0,100)	(50,45,55,60,65)	0.9512	0.0467	0.9301	0.5736	0.9276	0.9019	0.9631	0.6300
1	(0,100)	(0,100)	(0,100)	(0,100)	(0,100)	(60,50,60,65,70)	0.9512	0.0501	0.9424	0.2987	0.9501	0.9543	0.9587	0.6873
1	(0,100)	(2,100)	(0,100)	(2,100)	(0,100)	(30,35,45,50,55)	0.9900	0.0467	0.9045	0.3087	0.9439	0.9980	0.9399	0.5743
1	(0,100)	(2,100)	(0,100)	(2,100)	(0,100)	(45,40,50,55,60)	0.9900	0.0578	0.9309	0.4753	0.9597	0.9301	0.9419	0.5093
1	(0,100)	(2,100)	(0,100)	(2,100)	(0,100)	(50,45,55,60,65)	0.9900	0.0523	0.9428	0.3653	0.9302	0.9342	0.9488	0.5490
1	(0,100)	(2,100)	(0,100)	(2,100)	(0,100)	(60,50,60,65,70)	0.9900	0.0589	0.9509	0.2234	0.9235	0.9343	0.9521	0.5097
0.5	(0,100)	(0,100)	(0,100)	(0,100)	(0,100)	(30,35,45,50,55)	0.9753	0.0504	0.9399	0.4032	0.9401	0.9342	0.9576	0.6674
0.5	(0,100)	(0,100)	(0,100)	(0,100)	(0,100)	(45,40,50,55,60)	0.9753	0.0478	0.9476	0.5990	0.9298	0.9502	0.9443	0.6456
1	(0,50)	(0,50)	(0,50)	(0,50)	(0,50)	(45,40,50,55,60)	0.9048	0.0504	0.9345	0.4890	0.9450	0.9486	0.9508	0.5098
1	(0,150)	(0,150)	(0,150)	(0,150)	(0,150)	(50,45,55,60,65)	0.9672	0.0559	0.9378	0.3332	0.9375	0.9029	0.9556	0.5321
1	(0,200)	(0,200)	(0,200)	(0,200)	(0,200)	(60,50,60,65,70)	0.9753	0.0488	0.9210	0.4101	0.9390	0.9244	0.9566	0.5567

表 2.9　当 $X_i \sim Weibull(\lambda_i)$ 时，G 的覆盖率和平均长度以及犯第一类错误的概率（$a=2$）

Table 2.9　coverage probabilities and average length of G and the probabilities of Type I error when $X_i \sim Weibull(\lambda_i)$（$a=2$）

t	λ_1	λ_2	λ_3	λ_4	λ_5	(n_1,n_2,n_3,n_4,n_5)	G_0	p	CP	AL	UCP	AUL	LCP	ALL
0.1	1	1	1	1	1	(30,35,45,50,55)	0.9512	0.0529	0.9531	0.4289	0.9420	0.8756	0.9578	0.4885
0.1	1	1	1	1	1	(45,40,50,55,60)	0.9512	0.0478	0.9488	0.2398	0.9532	0.7339	0.9580	0.5067
0.1	1	1	1	1	1	(50,45,55,60,65)	0.9512	0.0497	0.9554	0.4054	0.9487	0.8879	0.9633	0.5673
0.1	1	1	1	1	1	(60,50,60,65,70)	0.9512	0.0520	0.9498	0.4785	0.9579	0.9674	0.9534	0.6098
0.1	1	5	1	5	1	(30,35,45,50,55)	0.8780	0.0487	0.9470	0.2884	0.9345	0.9304	0.9544	0.5675
0.1	1	10	1	10	1	(45,40,50,55,60)	0.7945	0.0529	0.9561	0.3075	0.9401	0.8674	0.9639	0.6302
0.1	1	5	1	5	1	(50,45,55,60,65)	0.8780	0.0545	0.9573	0.2875	0.9564	0.9543	0.9598	0.5785
0.1	1	10	1	10	1	(60,50,60,65,70)	0.7945	0.0530	0.9490	0.3463	0.9365	0.8875	0.9765	0.7664
0.2	1	5	1	5	1	(30,35,45,50,55)	0.5945	0.0529	0.9429	0.4765	0.9438	0.9034	0.9874	0.6054
0.2	1	5	1	5	1	(45,40,50,55,60)	0.5945	0.0485	0.9478	0.3011	0.9399	0.8785	0.9738	0.6785

2.3 广义推断在多元件并联系统可靠性问题中的应用

2.3.1 不平衡状态下并联系统可靠性函数的假设检验与置信区间

在这一节中，我们将研究不平衡状态下拥有 n 个元件的并联系统的可靠性函数的假设检验与置信区间. 在第 2 节中，我们分别在平衡与不平衡状态下给出了三种不同分布的结果. 可以看出，平衡状态是不平衡状态的一个特例. 所以，本节直接给出不平衡状态下对数正态分布、指数分布、Weibull 分布的相应结果. 我们知道，并联与串联一起组成了一个系统中最基本，也是最主要的连接方式. 在并联系统中，当且仅当所有元件都损坏时，系统才被破坏. 如果我们分别将各个元件的寿命表示为 $Y_1,Y_2,Y_3,\cdots,Y_n$，那么我们就可以将 $\max(Y_1,Y_2,Y_3,\cdots,Y_n)$ 作为这个系统的寿命. 因此，可靠性函数就是 $G(t)=P(\max(Y_1,Y_2,Y_3,\cdots,Y_n)>t)$. 在一些固定数值上的函数值，是我们感兴趣的参数.

2.3.1.1 对数正态分布下的可靠性函数的假设检验与置信区间

假设有 n 个元件并联连接在系统当中，那么系统的可靠性即可记为 $G(t)=P(\max(Y_1,Y_2,Y_3,\cdots,Y_n)>t)$. 其中，$Y_1,Y_2,Y_3,\cdots,Y_n$ 分别是这 n 个元件的寿命，t 是一个已知的常数. 令 $Y_1,Y_2,Y_3,\cdots,Y_n$ 服从于对数正态分布，有概率密度函数：

$$f(y_i;\mu_i,\sigma_i^2)=\frac{1}{\sqrt{2\pi}y_i\sigma_i}\exp\left[-\frac{1}{2}\left(\frac{\ln y_i-\mu_i}{\sigma_i}\right)^2\right],y_i>0$$

其中，$\mu_1,\mu_2,\cdots,\mu_n$，$\sigma_1,\sigma_2,\cdots,\sigma_n$ 分别是 $Y_1,Y_2,Y_3,\cdots,Y_n$ 的均值与标准差，而且都是未知参数. $Y_{i1},Y_{i2},\cdots,Y_{im_i}$ 是取自 Y_i 的分布的样本. 我们的检验问题如下所示：

$$\begin{cases}H_0:G\geqslant G_0\\H_1:G<G_0\end{cases}\tag{2.3.1.1}$$

其中，$G_0\in(0,1)$ 是一个已知的常数．接下来，我们基于样本 $Y_{i1},Y_{i2},\cdots,Y_{im_i}$ 直接给出 G 的广义枢轴量，方法可参考 2.1.1 节．记：

$$\bar{U}_i=\sum_{j=1}^{m_i}\frac{U_{ij}}{m_i},S_i^2=\sum_{j=1}^{m_i}\frac{(U_{ij}-\bar{U}_i)^2}{m_i-1},E_i=\frac{\bar{U}_i-\mu_i}{\sigma_i/\sqrt{m_i}},$$

$$K_i^2=\frac{(m_i-1)S_i^2}{\sigma_i^2}$$

其中，$U_{ij}=\ln Y_{ij}$，$i=1,2,\cdots,n$，$j=1,2,\cdots,m_i$，$E_i\sim N(0,1)$，$K_i^2\sim\chi^2_{m_i-1}$．从而，我们很容易就得到了 $\mu_1,\mu_2,\cdots,\mu_n$，$\sigma_1,\sigma_2,\cdots,\sigma_n$ 的广义枢轴量，如下所示：

$$R_{\mu_i}=\bar{U}_i-(\bar{U}_i^*-\mu_i)\frac{S_i}{S_i^*},R_{\sigma_i}=\frac{S_i\sigma_i}{S_i^*}$$

其中，$\bar{U}_i^*$，S_i^* 分别是 $\bar{U}_i$，S_i 的独立的复制．这个系统的可靠性函数为：

$$G=P(\max(Y_1,Y_2,Y_3,\cdots,Y_n)>t)=1-\prod_{i=1}^{n}P(Y_i\leqslant t)$$

$$=1-\prod_{i=1}^{n}\Phi\left(\frac{\ln t-\mu_i}{\sigma_i}\right)$$

由此我们可以得出，G 的广义枢轴量是：

$$R_G=1-\prod_{i=1}^{n}\Phi\left(\frac{\ln t-R_{\mu_i}}{R_{\sigma_i}}\right)$$

$$=1-\prod_{i=1}^{n}\Phi\left[\frac{\ln t-\left(\bar{U}_i-(\bar{U}_i^*-\mu_i)\frac{S_i}{S_i^*}\right)}{\sigma_i}\times\frac{S_i^*}{S_i}\right]$$

$$=1-\prod_{i=1}^{n}\Phi\left(\frac{S_i^*(\ln t-\bar{U}_i)}{S_i\sigma_i}+\frac{\bar{U}_i^*-\mu_i}{\sigma_i}\right)$$

因此，可得假设检验问题（2.3.1.1）的广义 p 值为：

$$p_1(y_1,y_2,y_3,\cdots,y_n)$$
$$=P(R_G\geqslant G_0\mid\bar{u}_1,\bar{u}_2,\cdots,\bar{u}_n,S_1,S_2,\cdots,S_n)$$

$$=P\left(\left(1-\prod_{i=1}^{n}\Phi\left(\frac{S_i^*(\ln t-\bar{U}_i)}{S_i\sigma_i}+\frac{\bar{U}_i^*-\mu_i}{\sigma_i}\right)\right)\geqslant G_0\right)$$

其中，$\bar{u}_1,\bar{u}_2,\cdots,\bar{u}_n$，$S_1,S_2,\cdots,S_n$ 分别是 $\bar{U}_1,\bar{U}_2,\cdots,\bar{U}_n$，$S_1,S_2,\cdots,S_n$ 的观测值. 这个广义 p 值，可以通过蒙特卡罗模拟方法计算得到. 在给定的检验水平下，如果广义 p 值要比名义水平 α 小，那么就拒绝所定义的原假设 H_0. 很显然，当广义 p 值越小时，越拒绝原假设. G 的广义置信区间的求法类似 2.1.1 小节中的方法，在此不再详述.

2.3.1.2　指数分布下的可靠性函数的假设检验与置信区间

如果 $Y_1,Y_2,Y_3,\cdots,Y_n$ 这 n 个系统元件的寿命，服从于两个参数的指数分布，它们的概率密度函数是：

$$f(y_i,\mu_i,\theta_i)=\frac{1}{\theta_i}\exp\left(-\frac{y_i-\mu_i}{\theta_i}\right),y_i>\mu_i,\theta_i>0$$

其中，μ_i、θ_i 均为未知参数. 我们有，$Y_{i1},Y_{i2},\cdots,Y_{im_i}$ 是取自 Y_i 的分布的样本. 构造 G 的广义枢轴量的方法与前文类似，此处直接给出它的广义枢轴量. 记：$A_i=2m_i(\hat{\mu}_i-\mu_i)/\theta_i\sim\chi_2^2$，$B_i=2m_i\hat{\theta}_i/\theta_i\sim\chi_{2m_i-2}^2$. 那么，我们就很容易构造出 μ_i、θ_i 的广义枢轴量，如下所示：

$$R_{\mu_i}=\hat{\mu}_i-(\hat{\mu}_i^*-\mu_i)\frac{\hat{\theta}_i}{\hat{\theta}_i^*},R_{\theta_i}=\theta_i\frac{\hat{\theta}_i}{\hat{\theta}_i^*}$$

其中，$\hat{\mu}_i^*$、$\hat{\theta}_i^*$ 分别是 $\hat{\mu}_i$、$\hat{\theta}_i$ 的一个独立复制，并联系统的可靠性函数是 $G(t)=P(\max(Y_1,Y_2,Y_3,\cdots,Y_n)>t)$，但我们的兴趣参数则变为：

$$G=P(\max(Y_1,Y_2,Y_3,\cdots,Y_n)>t)=1-\prod_{i=1}^{n}P(Y_i\leqslant t)$$

$$=1-\prod_{i=1}^{n}\left(1-\exp\left(-\frac{t-\mu_i}{\theta_i}\right)\right),t>\mu_i$$

据上所述，我们就可得出 G 的广义枢轴量：

$$
\begin{aligned}
R_G &= 1-\prod_{i=1}^{n}\left(1-\exp\left(-\frac{t-R_{\mu_i}}{R_{\theta_i}}\right)\right) \\
&= 1-\prod_{i=1}^{n}\left(1-\exp\left(-\frac{t-\left(\hat{\mu}_i-(\hat{\mu}_i^*-\mu_i)\dfrac{\hat{\theta}_i}{\hat{\theta}_i^*}\right)}{\theta_i}\times\frac{\hat{\theta}_i^*}{\hat{\theta}_i}\right)\right) \\
&= 1-\prod_{i=1}^{n}\left(1-\exp\left(-\frac{t\hat{\theta}_i^*-(\hat{\mu}_i\hat{\theta}_i^*-(\hat{\mu}_i^*-\mu_i\hat{\theta}_i))}{\theta_i\hat{\theta}_i}\right)\right)
\end{aligned}
$$

假设检验问题（2.3.1.1）的广义 p 值为：

$$
\begin{aligned}
& p_2(y_1,y_2,y_3,\cdots,y_n) \\
&= P(R_G \geqslant G_0 \mid \widetilde{\mu}_1,\widetilde{\mu}_2,\cdots,\widetilde{\mu}_n,\widetilde{\theta}_1,\widetilde{\theta}_2,\cdots,\widetilde{\theta}_n) \\
&= P\left(1-\prod_{i=1}^{n}\left(1-\exp\left(-\frac{t\hat{\theta}_i^*-(\widetilde{\mu}_i\hat{\theta}_i^*-(\hat{\mu}_i^*-\mu_i\widetilde{\theta}_i))}{\theta_i\widetilde{\theta}_i}\right)\right)\geqslant G_0\right)
\end{aligned}
$$

其中，$\widetilde{\mu}_1,\widetilde{\mu}_2,\cdots,\widetilde{\mu}_n$，$\widetilde{\theta}_1,\widetilde{\theta}_2,\cdots,\widetilde{\theta}_n$ 分别是 $\hat{\mu}_1,\hat{\mu}_2,\cdots,\hat{\mu}_n$，$\hat{\theta}_1$，$\hat{\theta}_2,\cdots,\hat{\theta}_n$ 的观测值. 这个广义 p 值，我们同样可以用蒙特卡罗模拟方法计算得到. 在给定的检验水平下，如果广义 p 值比名义水平 α 小，那么就拒绝所定义的原假设 H_0. 很显然，当广义 p 值越小时，越拒绝原假设. G 的广义置信区间的求法可参考 2.1.2 小节.

接下来，介绍不平衡状态下单参数指数分布的可靠性函数的假设检验与置信区间. 如果 $\mu_1,\mu_2,\cdots,\mu_n$ 已知且全部为 0，那么 $Y_1,Y_2,Y_3,\cdots,Y_n$ 的概率密度函数就退化为单参数的指数分布. 这种情况下，$\theta_1,\theta_2,\cdots,\theta_n$ 的广义枢轴量就比较容易求出. 下面，简单给出相应的结果. $\theta_1,\theta_2,\cdots,\theta_n$ 的广义枢轴量分别为：

$$R_{\theta_i} = \theta_i\bar{Y}_i/\bar{Y}_i^*$$

其中，$\bar{Y}_i=\sum_{j=1}^{m_i}Y_{ij}/m_i$，$i=1,2,\cdots,n$，$j=1,2,\cdots,m_i$，$\bar{Y}_i^*$ 是 $\bar{Y}_i$ 的一个独立的复制. 它相应的广义 p 值和置信区间，可用上

面的方法类似求得.

2.3.1.3 Weibull 分布下可靠性函数的假设检验与置信区间

本小节我们研究不平衡状态下，元件寿命服从 Weibull 分布的一般并联系统可靠性函数的广义推断问题. 如果 $Y_1, Y_2, Y_3, \cdots, Y_n$ 这 n 个系统元件的寿命服从参数为 λ 的 Weibull 分布，它们的概率密度函数是：

$$f(y_i;\lambda_i) = a\lambda_i {y_i}^{a-1} e^{-\lambda_i y_i^a}, y_i > 0, \lambda_i > 0$$

其中，$a>0$ 已知，λ_i 是未知参数，$Y_{i1}, Y_{i2}, \cdots, Y_{im_i}$ 是取自 Y_i 的分布的样本.

下面，我们给出 λ_i 的广义枢轴量，方法可参看 2.1.3 节. 记 $C_i = \sum_{j=1}^{m_i} Y_{ij}^a$，$W_i = 2\lambda_i C_i$，$W_i \sim \chi^2_{2m_i}$，那么，$\lambda_i$ 的广义枢轴量的一般形式为 $R_{\lambda_i} = \lambda_i C_i^* / C_i$. 其中，$C_i^*$ 是 C_i 的一个独立的复制. 在本小节当中，并联系统可靠性函数仍然是 $G(t) = P(\max(Y_1, Y_2, Y_3, \cdots, Y_n) > t)$，但我们的兴趣参数则变为：

$$G = P(\max(Y_1, Y_2, Y_3, \cdots, Y_n) > t) = 1 - \prod_{i=1}^{n} P(X_i \leqslant t)$$

$$= 1 - \prod_{i=1}^{n} (1 - \exp(-\lambda_i t^a))$$

这样，我们就可以构造 G 的广义枢轴量，如下所示：

$$R_G = 1 - \prod_{i=1}^{n} (1 - \exp(-R_{\lambda_i} t^a)) = 1 - \prod_{i=1}^{n} \left(1 - \exp\left(-\frac{\lambda_i C_i^*}{C_i} t^a\right)\right)$$

那么，假设检验问题（2.3.1.1）的广义 p 值为：

$$p_3(y_1, y_2, y_3, \cdots, y_n) = P(R_G \geqslant G_0 \mid c_1, c_2, \cdots, c_n)$$

$$= P\left(\left(1 - \prod_{i=1}^{n} \left(1 - \exp\left(-\frac{\lambda_i C_i^*}{C_i} t^a\right)\right)\right) \geqslant G_0\right)$$

其中，$c_1, c_2, \cdots, c_n$ 是 $C_1, C_2, \cdots, C_n$ 的观测值. 这个广义 p 值，我们同样也可以用蒙特卡罗模拟方法计算得到. 在给定的检验水平下，如果广义 p 值比名义水平 α 小，那么就拒绝所定义的原假设 H_0. 很显然，当广义 p 值越小时，越拒绝原假设. G 的广义置信区间可依据本书前文的方法求得，在此不再详述.

2.3.2　频率性质

在本小节，我们研究广义 p 值 $p_1(y_1,y_2,y_3,\cdots,y_n)$ 的频率性质. 给定 $0<\alpha<1$，我们将基于广义 p 值 $p_1(y_1,y_2,y_3,\cdots,y_n)$ 给出检验的拒绝域 $C(\alpha)=\{(y_1,y_2,y_3,\cdots,y_n):p_1(y_1,y_2,y_3,\cdots,y_n)\leqslant\alpha\}$ 又有 $\xi=(\mu_1,\mu_2,\cdots,\mu_n,\sigma_1,\sigma_2,\cdots,\sigma_n)$, $\Theta_0=\{\xi:G\geqslant G_0\}$, $\partial H_0=\{\xi:G=G_0\}$，$T=(\bar{U}_1,\bar{U}_2,\cdots,\bar{U}_n,S_1,S_2,\cdots,S_n)$，$\widetilde{T}=(E_1,E_2,\cdots,E_n,K_1,K_2,\cdots,K_n)$.

下面，我们来证明当参数趋于 ∂H_0 的边界时犯第一类错误的概率趋近于名义水平 α. 首先，我们给出不平衡状态下的小样本定理，大样本定理的证明可以参考上一节的频率性质证明.

定理 2.3.1　对任何固定的 $\sigma_1,\sigma_2,\cdots,\sigma_n>0$，都有

$$\lim_{\mu_1,\cdots,\mu_{j-1},\mu_{j+1},\cdots,\mu_n\to-\infty} P_{\xi\in\partial H_0}(C(\alpha))=\alpha$$

其中，$j=2,3,\cdots,n$.

证明：很显然，对任何一个 $i=1,2,3,\cdots,n$，都有：

$$\lim_{\mu_i\to-\infty}\Phi\left(\frac{\ln t-\mu_i}{\sigma_i}\right)=1$$

那么，我们有

$$\begin{aligned}&\lim_{\mu_1,\cdots,\mu_{j-1},\mu_{j+1},\cdots,\mu_n\to-\infty} P_{\xi\in\partial H_0}(C(\alpha))\\=&\lim_{\mu_1,\cdots,\mu_{j-1},\mu_{j+1},\cdots,\mu_n\to-\infty}\\&P\left\{P\left[\left(1-\prod\nolimits_{i=1}^{n}\Phi\left(\frac{\left(\ln t-\mu_i-\frac{E_i\sigma_i}{\sqrt{m_i}}\right)K_i^*}{K_i\sigma_i}\right.\right.\right.\right.\\&\left.\left.\left.\left.+\frac{E_i^*}{\sqrt{m_i}}\right)\right)\geqslant G_0\mid\widetilde{T}\right]\leqslant\alpha\right\}\end{aligned}$$

$$= \lim_{\mu_1 \to -\infty} P\left\{P\left[\left[1-\Phi\left(\frac{\left(\ln t-\mu_1-\frac{E_1\sigma_1}{\sqrt{m_i}}\right)K_1^*}{K_1\sigma_1}+\frac{E_1^*}{\sqrt{m_i}}\right)\right]\right.\right.$$

$$\left.\left.\Phi\left(\frac{\left[\ln t-\mu_j-\frac{E_j\sigma_j}{\sqrt{m_i}}\right]K_j^*}{K_j\sigma_j}+\frac{E_j^*}{\sqrt{m_i}}\right)\right] \geqslant G_0 \mid \tilde{T}\right] \leqslant \alpha\right\}$$

而此时，我们有 $\xi \in \partial H_0$，从而可以得出：

$$\mu_j = \ln t - \sigma_j \Phi^{-1}\left(\frac{1-G_0}{\Phi\left(\frac{\ln t-\mu_1}{\sigma_1}\right)}\right)$$

那么，对任何固定的，$\sigma_1, \sigma_2 \cdots, \sigma_n > 0$，$\mu_1 \to -\infty$ 当且仅当 $\mu_j \to \ln t - \sigma_j \Phi^{-1}(1-G_0)$，$\mu_j \to -\infty$ 当且仅当 $\mu_1 \to \ln t - \sigma_1 \Phi^{-1}(1-G_0)$。由本章引理 2.3.1，可以得到：

$$\lim_{\mu_1, \cdots, \mu_{j-1}, \mu_{j+1}, \cdots, \mu_n \to -\infty} P_{\xi \in \partial H_0}(C(\alpha))$$

$$= \lim_{\mu_1 \to -\infty} P\left\{P\left[\left[1-\Phi\left(\frac{\left(\ln t-\mu_1-\frac{E_1\sigma_1}{\sqrt{m_1}}\right)K_1^*}{K_1\sigma_1}+\frac{E_1^*}{\sqrt{m_1}}\right)\right]\right.\right.$$

$$\left.\left.\times \Phi\left(\frac{\left[\ln t-\mu_j-\frac{E_j\sigma_j}{\sqrt{m_j}}\right]K_j^*}{K_j\sigma_j}+\frac{E_j^*}{\sqrt{m_j}}\right)\right] \geqslant G_0 \mid \tilde{T}\right] \leqslant \alpha\right\}$$

$$= P\left\{P\left[\lim_{\mu_1 \to -\infty}\left[1-\Phi\left(\frac{\left(\ln t-\mu_1-\frac{E_1\sigma_1}{\sqrt{m_1}}\right)K_1^*}{K_1\sigma_1}+\frac{E_1^*}{\sqrt{m_1}}\right)\right]\right.\right.$$

$$\left.\left.\times \Phi\left(\frac{\left[\ln t-\mu_j-\frac{E_j\sigma_j}{\sqrt{m_j}}\right]K_j^*}{K_j\sigma_j}+\frac{E_j^*}{\sqrt{m_j}}\right)\right] \geqslant G_0 \mid \tilde{T}\right] \leqslant \alpha\right\}$$

$$= P\left\{P\left[\lim_{\mu_1 \to -\infty}\left(1-\Phi\left(\frac{\left[\ln t-\mu_j-\frac{E_j\sigma_j}{\sqrt{m_j}}\right]K_j^*}{K_j\sigma_j}+\frac{E_j^*}{\sqrt{m_j}}\right)\right) \geqslant G_0 \mid \tilde{T}\right] \leqslant \alpha\right\}$$

$$=P\left\{P\left[\left\{1-\Phi\left(\frac{\left(\Phi^{-1}(1-G_0)-\frac{E_j}{\sqrt{m_j}}\right)K_j^*}{K_j}+\frac{E_j^*}{\sqrt{m_j}}\right)\right\}\geqslant G_0\mid\widetilde{T}\right]\leqslant\alpha\right\}$$

$$=P\left\{P\left[\frac{\left(\Phi^{-1}(1-G_0)-\frac{E_j}{\sqrt{m_j}}\right)K_j^*}{K_j}+\frac{E_j^*}{\sqrt{m_j}}\leqslant\Phi^{-1}(1-G_0)\mid\widetilde{T}\right]\leqslant\alpha\right\}$$

$$=P\left\{P\left[\frac{\Phi^{-1}(1-G_0)-\frac{E_j}{\sqrt{m_j}}}{K_j}\leqslant\frac{\Phi^{-1}(1-G_0)-\frac{E_j^*}{\sqrt{m_j}}}{K_j^*}\mid\widetilde{T}\right]\leqslant\alpha\right\}$$

$$=P\left\{1-F\left(\frac{\Phi^{-1}(1-G_0)-\frac{E_j}{\sqrt{m_j}}}{K_j}\right)\leqslant\alpha\right\}=\alpha$$

其中，$F(\cdot)$ 表示$\dfrac{\Phi^{-1}(1-G_0)-\frac{E_j^*}{\sqrt{m_j}}}{K_j^*}$的累积分布函数．命题得证．

2.3.3　模拟研究

本小节给出了不平衡状态下 G 的广义置信区间以及广义 p 值的模拟结果．模拟过程中，我们取置信水平为 $1-\alpha=0.95$，内循环次数为 5000 次，外循环次数为 2000 次．表 2.10～表 2.12 分别给出不平衡状态下对数正态分布、指数分布、Weibull 分布的模拟结果．我们从模拟结果中可以看出：

(1) 犯第一类错误的概率接近于给定的名义水平 0.05；

(2) CP 接近于置信水平；

(3) UCP 略小于置信水平，LCP 略大于置信水平．当样本量增大时，UCP 和 LCP 接近于名义水平，广义置信区间表现良好．

表 2.10 当 $Y_i \sim Lognormal(\mu_i, \sigma_i)$ 时，G 的覆盖率和平均长度以及犯第一类错误的概率

Table 2.10 when $Y_i \sim Lognormal(\mu_i, \sigma_i)$, coverage probabilities and average length of G and the probabilities of Type I error

t	(μ_1,σ_1)	(μ_2,σ_2)	(μ_3,σ_3)	(μ_4,σ_4)	(μ_5,σ_5)	$(m_1,m_2,m_3 m_4,m_5,)$	G_0	p	CP	AL	UCP	AUL	LCP	ALL
1.5	(0,1)	(0,1)	(0,1)	(0,1)	(0,1)	(30,35,45,50,55)	0.8771	0.0465	0.9508	0.4768	0.9156	0.8654	0.9621	0.5489
1.5	(0,1)	(0,1)	(0,1)	(0,1)	(0,1)	(45,40,50,55,60)	0.8771	0.0534	0.9420	0.3479	0.9278	0.8329	0.9490	0.8639
1.5	(0,1)	(0,1)	(0,1)	(0,1)	(0,1)	(50,45,55,60,65)	0.8771	0.0504	0.9531	0.2396	0.9389	0.9011	0.9631	0.6726
1.5	(0,1)	(0,1)	(0,1)	(0,1)	(0,1)	(60,50,60,65,70)	0.8771	0.0486	0.9430	0.5632	0.9432	0.9245	0.9489	0.7348
2.0	(0,1)	(1,3)	(0,1)	(1,3)	(0,1)	(30,35,45,50,55)	0.9089	0.0518	0.9437	0.5290	0.8987	0.9378	0.9576	0.5098
2.0	(0,1)	(1,3)	(0,1)	(1,3)	(0,1)	(45,40,50,55,60)	0.9089	0.0489	0.9299	0.3765	0.9145	0.7985	0.9589	0.6247
2.0	(0,1)	(1,3)	(0,1)	(1,3)	(0,1)	(50,45,55,60,65)	0.9089	0.0520	0.9349	0.3809	0.9365	0.8050	0.9437	0.7185
2.0	(0,1)	(1,3)	(0,1)	(1,3)	(0,1)	(60,50,60,65,70)	0.9089	0.0481	0.9470	0.4690	0.9278	0.8239	0.9578	0.7987
2.0	(1,1)	(1,4)	(1,1)	(1,4)	(1,1)	(30,35,45,50,55)	0.9880	0.0509	0.9538	0.4036	0.9287	0.9100	0.9430	0.4010
2.0	(0,1)	(0,4)	(0,1)	(0,4)	(0,1)	(45,40,50,55,60)	0.8603	0.0547	0.9576	0.3800	0.9153	0.8721	0.9419	0.5023
2.0	(0,1)	(0,9)	(0,1)	(0,9)	(0,1)	(30,35,45,50,55)	0.8784	0.0539	0.9389	0.4741	0.9456	0.8734	0.9538	0.6309

当 $Y_i \sim Exponential(\mu_i, \theta_i)$ 时，G 的覆盖率和平均长度以及犯第一类错误的概率 表 2.11

when $Y_i \sim Exponential(\mu_i, \theta_i)$, coverage probabilities and average length of G and the probabilities of Type I error Table 2.11

t	(μ_1,θ_1)	(μ_2,θ_2)	(μ_3,θ_3)	(μ_4,θ_4)	(μ_5,θ_5)	$(m_1,m_2,m_3,m_4,m_5,)$	G_0	p	CP	AL	UCP	AUL	LCP	ALL
5	(0,10)	(0,10)	(0,10)	(0,10)	(0,10)	(30,35,45,50,55)	0.9905	0.0589	0.9478	0.4785	0.9430	0.8896	0.9575	0.6366
5	(0,10)	(0,10)	(0,10)	(0,10)	(0,10)	(45,40,50,55,60)	0.9905	0.0465	0.9504	0.3350	0.9457	0.8424	0.9666	0.5594
5	(0,10)	(0,10)	(0,10)	(0,10)	(0,10)	(50,45,55,60,65)	0.9905	0.0468	0.9509	0.5475	0.9490	0.9406	0.9674	0.6452
5	(0,10)	(0,10)	(0,10)	(0,10)	(0,10)	(60,50,60,65,70)	0.9905	0.0518	0.9472	0.2456	0.9545	0.9526	0.9538	0.6603
5	(0,5)	(0,5)	(0,5)	(0,5)	(0,5)	(30,35,45,50,55)	0.8990	0.0456	0.9602	0.3895	0.9498	0.9672	0.9309	0.5876
5	(0,5)	(0,5)	(0,5)	(0,5)	(0,5)	(45,40,50,55,60)	0.8900	0.0598	0.9643	0.4674	0.9534	0.9467	0.9424	0.5984
5	(0,5)	(0,5)	(0,5)	(0,5)	(0,5)	(50,45,55,60,65)	0.8900	0.0554	0.9542	0.3902	0.9309	0.9424	0.9556	0.5033
5	(0,5)	(0,5)	(0,5)	(0,5)	(0,5)	(60,50,60,65,70)	0.8900	0.0536	0.9509	0.2785	0.9276	0.9096	0.9598	0.5564
10	(0,10)	(2,10)	(0,10)	(2,10)	(0,10)	(30,35,45,50,55)	0.9234	0.0546	0.9400	0.4903	0.9485	0.9422	0.9546	0.6902
10	(0,10)	(2,10)	(0,10)	(2,10)	(0,10)	(45,40,50,55,60)	0.9234	0.0424	0.9577	0.5892	0.9140	0.9005	0.9477	0.6945
5	(0,5)	(2,5)	(0,5)	(2,50)	(0,5)	(30,35,45,50,55)	0.9486	0.0596	0.9483	0.4657	0.9586	0.9249	0.9575	0.5752

当 $Y_i \sim Weibull(\lambda_i)$ 时，G 的覆盖率和平均长度以及犯第一类错误的概率（$a=2$）　表 2.12

when $Y_i \sim Weibull(\lambda_i)$, coverage probabilities and average length of G and the probabilities of Type I error（$a=2$）　Table 2.12

t	λ_1	λ_2	λ_3	λ_4	λ_5	(m_1,m_2,m_3,m_4,m_5)	G_0	p	CP	AL	UCP	AUL	LCP	ALL
1.2	1	1	1	1	1	(30,35,45,50,55)	0.7413	0.0589	0.9430	0.4785	0.9166	0.8859	0.9645	0.4856
1.2	1	1	1	1	1	(45,40,50,55,60)	0.7413	0.0482	0.9466	0.2892	0.9282	0.7425	0.9689	0.5979
1.2	1	1	1	1	1	(50,45,55,60,65)	0.7413	0.0567	0.9566	0.4402	0.9319	0.8425	0.9645	0.5675
1.2	1	1	1	1	1	(60,50,60,65,70)	0.7413	0.0509	0.9533	0.4492	0.9543	0.9678	0.9587	0.6562
1.2	1	5	1	5	1	(30,35,45,50,55)	0.5563	0.0476	0.9490	0.2552	0.9378	0.9256	0.9654	0.5602
1.2	1	10	1	10	1	(45,40,50,55,60)	0.5558	0.0529	0.9488	0.3462	0.9466	0.8626	0.9430	0.6986
1.2	1	5	1	5	1	(50,45,55,60,65)	0.5563	0.0504	0.9435	0.2987	0.9581	0.9098	0.9612	0.5062
1.2	1	10	1	10	1	(60,50,60,65,70)	0.5558	0.0547	0.9504	0.3524	0.9401	0.8825	0.9690	0.7085
1.0	1	5	1	5	1	(30,35,45,50,55)	0.7508	0.0596	0.9589	0.4099	0.9211	0.9986	0.9643	0.6116
1.0	1	5	1	5	1	(45,40,50,55,60)	0.7508	0.0588	0.9599	0.3189	0.9379	0.8265	0.9301	0.6954

2.4 广义推断在多元件混合系统可靠性问题中的应用

2.4.1 不平衡状态下混合系统可靠性函数的假设检验与置信区间

在本节中，我们在前两节的基础上，将可靠性问题的广义推断推广到更一般的情况，即拥有 m 个串联元件与 n 个并联元件的可靠性系统. 我们只在不平衡状态下研究这个复杂混合系统的可靠性函数的假设检验与置信区间. 在这个复杂系统当中，我们可以将其看作为是 $m+1$ 个元件串联在系统当中，其中最后一个元件是由 n 个元件并联组成的. 因此，这 $m+1$ 个元件至少一个损坏时，系统即被破坏. 最后一个元件被破坏，需要 n 个并联元件全部被损坏. 如果我们分别将 m 个串联元件寿命表示为 $X_1,X_2,X_3,\cdots,X_m$，将 n 个并联元件的寿命分别表示为 Y_1，$Y_2,Y_3,\cdots,Y_n$，那么这个系统的寿命就可以表示为 $\min(X_1$，$X_2,X_3\cdots,X_m$，$\max(Y_1,Y_2,Y_3,\cdots,Y_n))$. 因此，可靠性函数如下所示：$G(t)=P(\min(X_1,X_2,X_3,\cdots,X_m$，$\max(Y_1,Y_2,Y_3,\cdots,$ $Y_n))>t)$. 在一些固定数值上的函数值，是我们将要研究的兴趣参数.

2.4.1.1 对数正态分布下可靠性函数的假设检验与置信区间

令 $X_1,X_2,X_3,\cdots,X_m$，$Y_1,Y_2,Y_3,\cdots,Y_n$ 服从于对数正态分布，$X_1,X_2,X_3,\cdots,X_m$ 分别有概率密度函数：

$$f(x_i;\mu_i,\sigma_i^2)=\frac{1}{\sqrt{2\pi}x_i\sigma_i}\exp\left[-\frac{1}{2}\left(\frac{\ln x_i-\mu_i}{\sigma_i}\right)^2\right],x_i>0$$

其中，$\mu_1,\mu_2,\cdots,\mu_m$，$\sigma_1,\sigma_2,\cdots,\sigma_m$ 分别是 $X_1,X_2,X_3,\cdots,X_m$ 的均值与标准差，而且都是未知参数. $Y_1,Y_2,Y_3,\cdots,Y_n$ 分别有概率密度函数：

$$f(y_j;\tau_j,\delta_j^2)=\frac{1}{\sqrt{2\pi}y_j\delta_j}\exp\left[-\frac{1}{2}\left(\frac{\ln y_j-\tau_j}{\delta_j}\right)^2\right],y_j>0$$

其中，$\tau_1,\tau_2,\cdots,\tau_n$，$\delta_1,\delta_2,\cdots,\delta_n$ 分别是 $Y_1,Y_2,Y_3,\cdots,Y_n$ 的均值与标准差，而且都是未知参数.

不平衡状态下，我们有 $X_{i1},X_{i2},\cdots,X_{il_i}$ 是取自 X_i 的分布的样本，$Y_{j1},Y_{j2},\cdots,Y_{jh_j}$ 是取自 Y_j 的分布的样本. 其中，$i=1,2,\cdots,m$，$j=1,2,\cdots,n$. 假设我们的检验问题如下所示：

$$\begin{cases}H_0:G\geqslant G_0\\H_1:G<G_0\end{cases}\tag{2.4.1.1}$$

其中，$G_0\in(0,1)$，是一个已知的常数. 接下来，我们要基于样本 $X_{i1},X_{i2},\cdots,X_{il_i}$，$Y_{j1},Y_{j2},\cdots,Y_{jh_j}$ 直接给出 G 的广义枢轴量，方法可参照 2.1.1 节. 记：

$$\bar{U}_i=\sum\nolimits_{a=1}^{l_i}\frac{U_{ia}}{l_i},S_i^2=\sum\nolimits_{a=1}^{l_i}\frac{(U_{ia}-\bar{U}_i)^2}{l_i-1},$$

$$E_i=\frac{\bar{U}_i-\mu_i}{\sigma_i/\sqrt{l_i}},K_i^2=\frac{(l_i-1)S_i^2}{\sigma_i^2}$$

其中，$U_{ia}=\ln X_{ia}$，$a=1,2,\cdots,l_i$，$E_i\sim N(0,1)$，$K_i^2\sim\chi_{l_i-1}^2$. 又有：

$$\bar{V}_j=\sum\nolimits_{b=1}^{h_j}\frac{V_{ja}}{h_j},I_j^2=\sum\nolimits_{b=1}^{h_i}\frac{(V_{jb}-\bar{V}_j)^2}{h_j-1},$$

$$\rho_j=\frac{\bar{V}_j-\tau_j}{\delta_j/\sqrt{h_j}},\omega_j^2=\frac{(h_j-1)I_j^2}{\delta_j^2},$$

其中，$V_{jb}=\ln Y_{jb}$，$b=1,2,\cdots,h_j$，$\rho_j\sim N(0,1)$，$\omega_j^2\sim\chi_{h_j-1}^2$. 那么 $\mu_1,\mu_2,\cdots,\mu_m$，$\sigma_1,\sigma_2,\cdots,\sigma_m$ 的广义枢轴量为：

$$R_{\mu_i}=\bar{U}_i-(\bar{U}_i^*-\mu_i)\frac{S_i}{S_i^*},R_{\sigma_i}=\frac{S_i\sigma_i}{S_i^*}$$

其中，$\bar{U}_i^*$，S_i^* 分别是 $\bar{U}_i$，S_i 的独立的复制. 接下来，我们给出 $\tau_1,\tau_2,\cdots,\tau_n$，$\delta_1,\delta_2,\cdots,\delta_n$ 的广义枢轴量：

$$R_{\tau_j}=\bar{V}_j-(\bar{V}_j^*-\tau_j)\frac{I_j}{I_j^*},R_{\delta_j}=\frac{I_j\delta_j}{I_j^*}$$

其中，$\bar{V}_j^*$，I_j^* 分别是 $\bar{V}_j$，I_j 的独立的复制. 这个系统的可靠性函数为：

$$\begin{aligned}G(t) &= P(\min(X_1, X_2, X_3, \cdots, X_m, \max(Y_1, Y_2, Y_3, \cdots, Y_n)) > t) \\ &= \prod_{i=1}^{m}(1 - P(X_i \leqslant t))\left(1 - \prod_{j=1}^{n} P(Y_j \leqslant t)\right) \\ &= \prod_{i=1}^{m}\left(1 - \Phi\left(\frac{\ln t - \mu_i}{\sigma_i}\right)\right)\left(1 - \prod_{j=1}^{n}\Phi\left(\frac{\ln t - \tau_j}{\delta_j}\right)\right)\end{aligned}$$

由此，我们可以得出 G 的广义枢轴量是：

$$\begin{aligned}R_G &= \prod_{i=1}^{m}\left(1 - \Phi\left(\frac{\ln t - R_{\mu_i}}{R_{\sigma_i}}\right)\right)\left(1 - \prod_{j=1}^{n}\Phi\left(\frac{\ln t - R_{\tau_j}}{R_{\delta_j}}\right)\right) \\ &= \prod_{i=1}^{m}\left(1 - \Phi\left(\frac{S_i^*(\ln t - \bar{U}_i)}{S_i\sigma_i} + \frac{\bar{U}_i^* - \mu_i}{\sigma_i}\right)\right) \\ &\quad \left(1 - \prod_{j=1}^{n}\Phi\left(\frac{I_i^*(\ln t - \bar{V}_i)}{I_i\delta_j} + \frac{\bar{V}_i^* - \tau_i}{\delta_j}\right)\right)\end{aligned}$$

从而，可得假设检验问题（2.4.1.1）的广义 p 值为：

$$\begin{aligned}&p_1(x_1, x_2, x_3, \cdots, x_m, y_1, y_2, y_3, \cdots, y_n) \\ &= P(R_G \geqslant G_0 \mid \bar{u}_1, \bar{u}_2, \cdots, \bar{u}_m, s_1, s_2, \cdots, s_m, \bar{v}_1, \bar{v}_2, \cdots, \bar{v}_n, \\ &\quad i_1, i_2, \cdots, i_n) \\ &= P\left(\prod_{i=1}^{m}\left(1 - \Phi\left(\frac{S_i^*(\ln t - \bar{U}_i)}{S_i\sigma_i} + \frac{\bar{U}_i^* - \mu_i}{\sigma_i}\right)\right)\right. \\ &\quad \left.\left(1 - \prod_{j=1}^{n}\Phi\left(\frac{I_i^*(\ln t - \bar{V}_i)}{I_i\delta_j} + \frac{\bar{V}_i^* - \tau_j}{\delta_j}\right)\right) \geqslant G_0\right)\end{aligned}$$

其中，$\bar{u}_1, \bar{u}_2, \cdots, \bar{u}_m$，$s_1, s_2, \cdots, s_m$，$\bar{v}_1, \bar{v}_2, \cdots, \bar{v}_n$，$i_1, i_2, \cdots, i_n$ 分别是 $\bar{U}_1, \bar{U}_2, \cdots, \bar{U}_m$，$S_1, S_2, \cdots, S_m$，$\bar{V}_1, \bar{V}_2, \cdots, \bar{V}_n$，$I_1, I_2, \cdots, I_n$ 观测值. 这个广义 p 值可以通过蒙特卡罗模拟方法计算得到. 在给定的检验水平下，如果广义 p 值比名义水平 α 小，那么就拒绝所定义的原假设 H_0. 很显然，当广义 p 值越小时，越拒绝原假设. G 的广义置信区间的求解方法类似前文，不在此具体

叙述.

2.4.1.2 指数分布下的可靠性函数的假设检验与置信区间

本小节，我们研究不平衡状态下元件寿命服从指数分布的复杂混合系统可靠性函数的广义推断. 假设 $X_1, X_2, X_3, \cdots, X_m$ 服从于两个参数的指数分布，那么它们的概率密度函数分别为：

$$f(x_i;\mu_i,\theta_i)=\frac{1}{\theta_i}\exp\left(-\frac{x_i-\mu_i}{\theta_i}\right), x_i>\mu_i, \theta_i>0$$

其中，μ_i、θ_i 均为未知参数. 如果 $Y_1, Y_2, Y_3, \cdots, Y_n$ 是这 n 个系统元件的寿命，服从于两个参数的指数分布，它们的概率密度函数是：

$$f(y_j;\tau_j,\delta_j)=\frac{1}{\delta_j}\exp\left(-\frac{y_j-\tau_j}{\delta_j}\right), y_j>\tau_j, \delta_j>0$$

其中，τ_j、δ_j 均为未知参数. 不平衡状态下，我们有 $X_{i1}, X_{i2}, \cdots, X_{il_i}$ 是取自 X_i 的分布的样本，$Y_{j1}, Y_{j2}, \cdots, Y_{jh_j}$ 是取自 Y_j 的分布的样本. 记 $\hat{\mu}_i=X_{i(1)}$，$\hat{\theta}_i=1/l_i\left(\sum_{a=1}^{l_i}X_{i(a)}-l_iX_{i(1)}\right)$，那么

$$A_i=2l_i(\hat{\mu}_i-\mu_i)/\theta_i\sim\chi_2^2, B_i=2l_i\hat{\theta}_i/\theta_i\sim\chi_{2l_i-2}^2$$

又记 $\hat{\tau}_j=Y_{j(1)}$，$\hat{\delta}_j=1/h_j\left(\sum_{b=1}^{h_j}Y_{j(b)}-h_jY_{j(1)}\right)$，有：

$$C_j=2h_j(\hat{\tau}_j-\tau_j)/\delta_j\sim\chi_2^2, D_j=2h_j\hat{\delta}_j/\delta_j\sim\chi_{2h_j-2}^2$$

下面，我们依据本书前文方法给出 μ_i、θ_i、τ_j、δ_j 的广义枢轴量，如下所示：

$$R_{\mu_i}=\hat{\mu}_i-(\hat{\mu}_i^*-\mu_i)\frac{\hat{\theta}_i}{\hat{\theta}_i^*}, R_{\theta_i}=\theta_i\frac{\hat{\theta}_i}{\hat{\theta}_i^*}$$

$$R_{\tau_j}=\hat{\tau}_j-(\hat{\tau}_j^*-\tau_j)\frac{\hat{\delta}_j}{\hat{\delta}_j^*}, R_{\delta_j}=\delta_j\frac{\hat{\delta}_j}{\hat{\delta}_j^*}$$

其中，$\hat{\tau}_j^*$、$\hat{\delta}_j^*$、$\hat{\mu}_i^*$、$\hat{\theta}_i^*$ 分别是 $\hat{\tau}_j$、$\hat{\delta}_j$、$\hat{\mu}_i$、$\hat{\theta}_i$ 的一个独立的复制. 可靠性函数仍然是：$G(t)=P(\min(X_1, X_2, X_3, \cdots, X_m, \max(Y_1, Y_2, Y_3, \cdots, Y_n))>t)$，我们的兴趣参数为：

$$G(t)=P(\min(X_1,X_2,X_3,\cdots,X_m,\max(Y_1,Y_2,Y_3,\cdots,Y_n))>t)$$

$$=\prod_{i=1}^{m}(1-P(X_i\leqslant t))\left(1-\prod_{j=1}^{n}P(Y_j\leqslant t)\right)$$

$$=\prod_{i=1}^{m}\exp\left(-\frac{t-\mu_i}{\theta_i}\right)\left(1-\prod_{j=1}^{n}\left(1-\exp\left(-\frac{t-\tau_j}{\delta_j}\right)\right)\right)$$

据上所述，我们可得出 G 的广义枢轴量：

$$R_G=\prod_{i=1}^{m}(1-P(X_i\leqslant t))\left(1-\prod_{j=1}^{n}P(Y_j\leqslant t)\right)$$

$$=\prod_{i=1}^{m}\exp\left(-\frac{t-R_{\mu_i}}{R_{\theta_i}}\right)\left(1-\prod_{j=1}^{n}\left(1-\exp\left(-\frac{t-R_{\tau_j}}{R_{\delta_j}}\right)\right)\right)$$

$$=\prod_{i=1}^{m}\exp\left[-\frac{t\hat{\theta}_i^*-(\hat{\mu}_i\hat{\theta}_i^*-(\hat{\mu}_i^*-\mu_i\hat{\theta}_i))}{\theta_i\hat{\theta}_i}\right]$$

$$\times\left(1-\prod_{j=1}^{n}\left(1-\exp\left(-\frac{t\hat{\delta}_i^*-(\hat{\tau}_i\hat{\delta}_i^*-(\hat{\tau}_i^*-\tau_i\hat{\delta}_i))}{\delta_i\hat{\delta}_i}\right)\right)\right)$$

假设检验问题（2.4.1.1）的广义 p 值为：

$$p_2(x_1,x_2,x_3,\cdots,x_m,y_1,y_2,y_3,\cdots,y_n)$$

$$=P(R_G\geqslant G_0\mid\tilde{\mu}_1,\tilde{\mu}_2,\cdots,\tilde{\mu}_m,\tilde{\theta}_1,\tilde{\theta}_2,\cdots,\tilde{\theta}_m,$$

$$\tilde{\tau}_1,\tilde{\tau}_2,\cdots,\tilde{\tau}_n,\tilde{\delta}_1,\tilde{\delta}_2,\cdots,\tilde{\delta}_n)$$

$$=P\left[\prod_{i=1}^{m}\exp\left[-\frac{t\hat{\theta}_i^*-(\hat{\mu}_i\hat{\theta}_i^*-(\hat{\mu}_i^*-\mu_i\hat{\theta}_i))}{\theta_i\hat{\theta}_i}\right]\right.$$

$$\left.\times\left(1-\prod_{j=1}^{n}\left(1-\exp\left(-\frac{t\hat{\delta}_i^*-(\hat{\tau}_i\hat{\delta}_i^*-(\hat{\tau}_i^*-\tau_i\hat{\delta}_i))}{\delta_i\hat{\delta}_i}\right)\right)\right)\geqslant G_0\right)$$

其中，$\tilde{\mu}_1,\tilde{\mu}_2,\cdots,\tilde{\mu}_m$，$\tilde{\theta}_1,\tilde{\theta}_2,\cdots,\tilde{\theta}_m$，$\tilde{\tau}_1,\tilde{\tau}_2,\cdots,\tilde{\tau}_n$，$\tilde{\delta}_1,\tilde{\delta}_2,\cdots,\tilde{\delta}_n$，分别是 $\hat{\mu}_1,\hat{\mu}_2,\cdots,\hat{\mu}_m$，$\hat{\theta}_1,\hat{\theta}_2,\cdots,\hat{\theta}_m$，$\hat{\tau}_1,\hat{\tau}_2,\cdots,\hat{\tau}_n$，$\hat{\delta}_1,\hat{\delta}_2,\cdots,\hat{\delta}_n$ 的观测值. 这个广义 p 值我们同样可以通过蒙特卡罗模拟方法计算得到. 在给定的检验水平下，如果广义 p 值比名义水平 α 小，那么就拒绝所定义的原假设 H_0. 显而易见，当广义 p 值越小时，越拒绝原假设. G 的广义置信区间构造方法与前文类似，

不再详述. 相应的单参数指数分布下的广义 p 值和置信区间，可用 2.1.2 节的方法类似求得.

2.4.1.3 Weibull 分布下的可靠性函数的假设检验与置信区间

如果 $X_1, X_2, X_3, \cdots, X_m$ 这 m 个系统元件的寿命服从参数为 λ 的 Weibull 分布，它们的概率密度函数是：

$$f(x_i, \lambda_i) = a\lambda_i x_i^{a-1} e^{-\lambda_i x_i^a}, x_i > 0, \lambda_i > 0$$

其中，$a>0$ 已知，λ_i 是未知参数，$i=1,2,\cdots,m$.

如果 $Y_1, Y_2, Y_3, \cdots, Y_n$ 这 n 个系统元件的寿命服从参数为 γ 的 Weibull 分布，它们的概率密度函数是：

$$f(y_j, \gamma_j) = b\gamma_j y_j^{b-1} e^{-\gamma_j y_j^b}, y_j > 0, \gamma_j > 0$$

其中，已知 $b>0$，γ_j 是未知参数，$j=1,2,\cdots,n$. 在不平衡状态下，我们有 $X_{i1}, X_{i2}, \cdots, X_{il_i}$ 是取自 X_i 的分布的样本，$Y_{j1}, Y_{j2}, \cdots, Y_{jh_j}$ 是取自 Y_j 的分布的样本.

下面，基于前文方法给出 λ_i、γ_j 的广义枢轴量，记：$C_i = \sum_{k=1}^{l_i} X_{ik}^a$，$W_i = 2\lambda_i C_i$，$W_i \sim \chi_{2l_i}^2$，那么 λ_i 的广义枢轴量的一般形式为 $R_{\lambda_i} = \lambda_i C_i^* / C_i$，其中，$C_i^*$ 是 C_i 的一个独立复制. 记：$D_j = \sum_{k=1}^{h_j} Y_{jk}^b$，$V_i = 2\gamma_j D_j$，$V_j \sim \chi_{2h_j}^2$，那么 γ_j 的广义枢轴量的一般形式为 $R_{\gamma_j} = \gamma_j D_j^* / D_j$，其中，$D_j^*$ 是 D_j 的一个独立复制.

可靠性函数仍然是 $G(t) = P(\min(X_1, X_2, X_3, \cdots, X_m, \max(Y_1, Y_2, Y_3, \cdots, Y_n)) > t)$，我们的兴趣参数变为：

$$\begin{aligned} G(t) &= P(\min(X_1, X_2, X_3, \cdots, X_m, \max(Y_1, Y_2, Y_3, \cdots, Y_n)) > t) \\ &= \prod_{i=1}^{m} (1 - P(X_i \leqslant t)) \left(1 - \prod_{j=1}^{n} P(Y_j \leqslant t)\right) \\ &= \prod_{i=1}^{m} \exp(-\lambda_i t^a) \left(1 - \prod_{j=1}^{n} (1 - \exp(-\gamma_j t^b))\right) \end{aligned}$$

那么，G 的广义枢轴量如下所示：

$$R_G = \prod_{i=1}^{m} (1 - P(X_i \leqslant t)) \left(1 - \prod_{j=1}^{n} P(Y_j \leqslant t)\right)$$

$$= \prod_{i=1}^{m} \exp(-R_{\lambda_i} t^a)\left(1 - \prod_{j=1}^{n}(1-\exp(-R_{\gamma_j} t^b))\right)$$

$$= \prod_{i=1}^{m} \exp\left(-\frac{\lambda_i C_i^*}{C_i} t^a\right)\left(1 - \prod_{j=1}^{n}\left(1-\exp\left(-\frac{\gamma_j D_j^*}{D_j} t^b\right)\right)\right)$$

那么，假设检验问题（2.4.1.1）的广义 p 值为：

$$p_3(x_1, x_2, x_3, \cdots, x_m, y_1, y_2, y_3, \cdots, y_n)$$

$$= P(R_G \geqslant G_0 \mid c_1, c_2, \cdots, c_m, d_1, d_2, \cdots, d_n)$$

$$= P\left(\prod_{i=1}^{m} \exp\left(-\frac{\lambda_i C_i^*}{C_i} t^a\right)\left(1 - \prod_{j=1}^{n}\left(1-\exp\left(-\frac{\gamma_j D_j^*}{D_j} t^b\right)\right)\right) \geqslant G_0\right)$$

其中，$c_1, c_2, \cdots, c_m$，$d_1, d_2, \cdots, d_n$ 是 $C_1, C_2, \cdots, C_m$，$D_1, D_2, \cdots, D_n$ 的观测值. 这个广义 p 值，我们同样也可以通过蒙特卡罗方法计算得到. 在给定的检验水平下，如果广义 p 值比名义水平 α 小，那么就拒绝所定义的原假设 H_0. 显而易见，当广义 p 值越小时，越拒绝原假设. G 的广义置信区间求解方法类似前文，不再详述.

2.4.2　频率性质

在本节，我们研究广义 p 值 $p_1(x_1, x_2, x_3, \cdots, x_m, y_1, y_2, y_3, \cdots, y_n)$ 的频率性质. 给定 $0<\alpha<1$，我们将基于广义 p 值 $p_1(x_1, x_2, x_3, \cdots, x_m, y_1, y_2, y_3, \cdots, y_n)$ 的检验的拒绝域表示为 $C(\alpha)$，它与前面两节所定义的拒绝域很类似，如下所示：$C(\alpha)=\{(x_1, x_2, \cdots, x_m, y_1, y_2, \cdots, y_n): p_1(x_1, x_2, x_3, \cdots, x_m, y_1, y_2, y_3, \cdots, y_n) \leqslant \alpha\}$，$\xi=(\mu_1, \mu_2, \cdots, \mu_m, \sigma_1, \sigma_2, \cdots, \sigma_m, \tau_1, \tau_2, \cdots, \tau_n, \delta_1, \delta_2, \cdots, \delta_n)$，$\Theta_0=\{\xi: G \geqslant G_0\}$，$\partial H_0=\{\xi: G=G_0\}$，$T=(\bar{U}_1, \bar{U}_2, \cdots, \bar{U}_m, S_1, S_2, \cdots, S_m, \bar{V}_1, \bar{V}_2, \cdots \bar{V}_n, I_1, I_2, \cdots, I_n)$，$\widetilde{T}=(E_1, E_2, \cdots, E_m, K_1, K_2, \cdots, K_m, \rho_1, \rho_2, \cdots, \rho_n, \omega_1, \omega_2, \cdots, \omega_n)$. 本节将给出小样本定理的证明. 下面，我们来证明当参数趋于 ∂H_0 的边界时，犯第一类错误的概率趋近于名义水平 α.

定理 2.4.1　对任何固定的 $\sigma_1, \sigma_2, \cdots, \sigma_m > 0$，$\delta_1, \delta_2, \cdots, \delta_n > 0$ 都有

$$\lim_{\mu_1,\cdots,\mu_{a-1},\mu_{a+1},\cdots,\mu_m,\tau_1,\tau_2,\cdots,\tau_n\to+\infty} P_{\xi\in\partial H_0}(C(\alpha))=\alpha$$

其中，$a=2,3,\cdots,m$.

证明：很显然，对任一个 $i=1,2,3,\cdots,m$，都有：

$$\lim_{\mu_j\to+\infty}\Phi\left(\frac{\ln t-\mu_i}{\sigma_i}\right)=0$$

同样，对任一个 $j=1,2,3,\cdots,n$

$$\lim_{\tau_j\to+\infty}\Phi\left(\frac{\ln t-\tau_j}{\delta_j}\right)=0$$

那么，我们有

$$\lim_{\mu_1,\cdots,\mu_{a-1},\mu_{a+1},\cdots,\mu_m,\tau_1,\tau_2,\cdots,\tau_n\to+\infty} P_{\xi\in\partial H_0}(C(\alpha))$$

$$=\lim_{\mu_1,\cdots,\mu_{a-1},\mu_{a+1},\cdots,\mu_m,\tau_1,\tau_2,\cdots,\tau_n\to+\infty}$$

$$P\left\{P\left[\prod_{i=1}^{m}\left(1-\Phi\left(\frac{S_i^*(\ln t-\bar{U}_i)}{S_i\sigma_i}+\frac{\bar{U}_i^*-\mu_i}{\sigma_i}\right)\right)\right.\right.$$

$$\left.\left.\left(1-\prod_{j=1}^{n}\Phi\left(\frac{I_i^*(\ln t-\bar{V}_i)}{I_i\delta_j}+\frac{\bar{V}_i^*-\tau_j}{\delta_j}\right)\right)\geqslant G_0\mid\widetilde{T}\right]\leqslant\alpha\right\}$$

$$=\lim_{\mu_1\to+\infty}P\left\{P\left[\left[\left(1-\Phi\left(\frac{\left(\ln t-\mu_1-\frac{E_1\sigma_1}{\sqrt{l_1}}\right)K_1^*}{K_1\sigma_1}+\frac{E_1^*}{\sqrt{l_1}}\right)\right)\right]\right.\right.$$

$$\left.\left.\times\left[1-\Phi\left(\frac{\left(\ln t-\mu_a-\frac{E_a\sigma_a}{\sqrt{l_a}}\right)K_a^*}{K_a\sigma_a}+\frac{E_a^*}{\sqrt{l_a}}\right)\right]\geqslant G_0\mid\widetilde{T}\right]\leqslant\alpha\right\}$$

而此时，我们有 $\xi\in\partial H_0$，从而可以得出：

$$\mu_a=\ln t-\sigma_a\Phi^{-1}\left[1-\frac{G_0}{1-\Phi\left(\frac{\ln t-\mu_1}{\sigma_1}\right)}\right]$$

那么，对任何固定的 $\sigma_1,\sigma_2,\cdots,\sigma_m>0$，$\mu_1\to+\infty$ 当且仅当 $\mu_a\to\ln t-\sigma_j\Phi^{-1}(1-G_0)$，$\mu_a\to+\infty$ 当且仅当 $\mu_1\to\ln t-\sigma_1\Phi^{-1}(1-G_0)$. 由引理 2.3.1，可以得到：

$$\lim_{\mu_1,\cdots,\mu_{a-1},\mu_{a+1},\cdots,\mu_m,\tau_1,\tau_2,\cdots,\tau_n\to+\infty} P_{\xi\in\partial H_0}(C(\alpha))$$

$$=\lim_{\mu_1,\cdots,\mu_{a-1},\mu_{a+1},\cdots,\mu_m,\tau_1,\tau_2,\cdots,\tau_n\to+\infty}$$

$$P\left\{P\left[\prod_{i=1}^{m}\left(1-\Phi\left(\frac{S_i^*(\ln t-\bar{U}_i)}{S_i\sigma_i}+\frac{\bar{U}_i^*-\mu_i}{\sigma_i}\right)\right)\right.\right.$$

$$\left.\left.\left(1-\prod_{j=1}^{n}\Phi\left(\frac{I_i^*(\ln t-\bar{V}_i)}{I_i\delta_j}+\frac{\bar{V}_i^*-\tau_j}{\delta_j}\right)\right)\geqslant G_0\mid\tilde{T}\right]\leqslant\alpha\right\}$$

$$=\lim_{\mu_1\to+\infty}P\left\{P\left[\left[1-\Phi\left(\frac{\left(\ln t-\mu_1-\frac{E_1\sigma_1}{\sqrt{l_1}}\right)K_1^*}{K_1\sigma_1}+\frac{E_i^*}{\sqrt{l_1}}\right)\right]\right.\right.$$

$$\left.\left.\times\left[1-\Phi\left(\frac{\left(\ln t-\mu_a-\frac{E_a\sigma_a}{\sqrt{l_a}}\right)K_a^*}{K_a\sigma_a}+\frac{E_a^*}{\sqrt{l_a}}\right)\right]\geqslant G_0\mid\tilde{T}\right]\leqslant\alpha\right\}$$

$$=P\left\{P\lim_{\mu_1\to+\infty}\left[\left[1-\Phi\left(\frac{\left(\ln t-\mu_1-\frac{E_1\sigma_1}{\sqrt{l_1}}\right)K_1^*}{K_1\sigma_1}+\frac{E_i^*}{\sqrt{l_1}}\right)\right]\right.\right.$$

$$\left.\left.\times\left[1-\Phi\left(\frac{\left(\ln t-\mu_a-\frac{E_a\sigma_a}{\sqrt{l_a}}\right)K_a^*}{K_a\sigma_a}+\frac{E_a^*}{\sqrt{l_a}}\right)\right]\geqslant G_0\mid\tilde{T}\right]\leqslant\alpha\right\}$$

$$=P\left\{P\left[\lim_{\mu_1\to+\infty}\left[1-\Phi\left(\frac{\left(\ln t-\mu_a-\frac{E_a\sigma_a}{\sqrt{l_a}}\right)K_a^*}{K_a\sigma_a}+\frac{E_a^*}{\sqrt{l_a}}\right)\right]\geqslant G_0\mid\tilde{T}\right]\leqslant\alpha\right\}$$

$$=P\left\{P\left[\left[1-\Phi\left(\frac{\left(\Phi^{-1}(1-G_0)-\frac{E_a}{\sqrt{l_a}}\right)K_a^*}{K_a}+\frac{E_a^*}{\sqrt{l_a}}\right)\right]\geqslant G_0\mid\tilde{T}\right]\leqslant\alpha\right\}$$

$$=P\left\{P\left[\frac{\left(\Phi^{-1}(1-G_0)-\frac{E_a}{\sqrt{l_a}}\right)K_a^*}{K_a}+\frac{E_a^*}{\sqrt{l_a}}\leqslant\Phi^{-1}(1-G_0)\mid\tilde{T}\right]\leqslant\alpha\right\}$$

$$=P\left\{P\left[\frac{\Phi^{-1}(1-G_0)-\frac{E_a}{\sqrt{l_a}}}{K_a}\leqslant\frac{\Phi^{-1}(1-G_0)-\frac{E_a^*}{\sqrt{l_a}}}{K_a^*}\mid\widetilde{T}\right]\leqslant\alpha\right\}$$

$$=P\left\{1-F\left(\frac{\Phi^{-1}(1-G_0)-\frac{E_a}{\sqrt{l_a}}}{K_a}\right)\leqslant\alpha\right\}=\alpha$$

其中，$F(\cdot)$ 表示$\dfrac{\Phi^{-1}(1-G_0)-\frac{E_a^*}{\sqrt{l}}}{K_a^*}$的累计分布函数．命题得证． □

其实，由上所述我们可以看到，这个证明过程与串联系统很类似．这是因为，我们将 n 个并联元件看作是一个元件串联在系统当中的时候，这个系统就是一个拥有 $m+1$ 个串联元件的可靠性系统．大样本定理的证明相似，在此不再赘述．这样一来，我们就将广义推断在可靠性系统中的应用推广到了一般情况，并给出了理论上的证明．

2.4.3 模拟研究

本节给出了不平衡时 G 的广义置信区间以及广义 p 值的模拟结果．模拟过程中，我们取置信水平为 $1-\alpha=0.95$，内循环次数为 5000 次，外循环次数为 2000 次．表 2.13～表 2.15 分别给出不平衡状态下对数正态分布、指数分布、Weibull 分布的模拟结果．在此过程中，为了让模拟结果更具有普遍的说服力，因此取了很多不同的参数以及样本量．我们可以从模拟结果中看出：

（1）犯第一类错误的概率接近于给定的名义水平 0.05；

（2）CP 接近于置信水平；

（3）UCP 略小于置信水平，LCP 略大于置信水平．当样本量增大时，UCP 和 LCP 接近于名义水平，广义置信区间表现良好．

表 2.13　对数正态分布下 G 的覆盖率和平均长度以及犯第一类错误的概率

Table 2.13　Coverage probabilities and average length of G and the probabilities of Type I error under lognormal distributions

t	(μ_1,σ_1)	(μ_2,σ_2)	(μ_3,σ_3)	(τ_1,δ_1)	(τ_2,δ_2)	(l_1,l_2,l_3,h_1,h_2)	G_0	p	CP	AL	UCP	AUL	LCP	ALL
0.2	(0,1)	(0,1)	(0,1)	(0,1)	(0,1)	(30,35,45,50,55)	0.8478	0.0496	0.9478	0.4894	0.9585	0.8852	0.9696	0.5869
0.2	(0,1)	(0,1)	(0,1)	(0,1)	(0,1)	(45,40,50,55,60)	0.8478	0.0554	0.9362	0.3626	0.9246	0.8462	0.9663	0.8246
0.2	(0,1)	(0,1)	(0,1)	(0,1)	(0,1)	(50,45,55,60,65)	0.8478	0.0453	0.9556	0.2882	0.9462	0.9226	0.9522	0.6672
0.2	(0,1)	(0,1)	(0,1)	(0,1)	(0,1)	(60,50,60,65,70)	0.8478	0.0592	0.9426	0.3626	0.9097	0.9626	0.9446	0.7627
0.1	(0,1)	(1,3)	(0,1)	(1,3)	(0,1)	(30,35,45,50,55)	0.7158	0.0489	0.9298	0.5895	0.9165	0.9626	0.9652	0.5782
0.1	(0,1)	(1,3)	(0,1)	(1,3)	(0,1)	(45,40,50,55,60)	0.7158	0.0413	0.9189	0.3462	0.9256	0.9262	0.9410	0.6288
0.1	(0,1)	(1,3)	(0,1)	(1,3)	(0,1)	(50,45,55,60,65)	0.7158	0.0464	0.9257	0.3098	0.9267	0.8978	0.9466	0.7897
0.1	(0,1)	(1,3)	(0,1)	(1,3)	(0,1)	(60,50,60,65,70)	0.7158	0.0448	0.9166	0.5783	0.9426	0.8674	0.9513	0.7442
0.5	(1,1)	(11,1)	(1,1)	(11,1)	(1,1)	(30,35,45,50,55)	0.9116	0.0599	0.9478	0.4626	0.9424	0.9266	0.9464	0.4657
0.5	(1,1)	(11,9)	(1,1)	(11,9)	(1,1)	(45,40,50,55,60)	0.8196	0.0544	0.9546	0.3626	0.9298	0.9462	0.9476	0.5457
0.2	(1,1)	(1,4)	(1,1)	(1,4)	(1,1)	(45,40,50,55,60)	0.7353	0.0556	0.9223	0.4422	0.9453	0.9468	0.9324	0.6905
0.2	(2,1)	(2,4)	(2,1)	(2,4)	(2,1)	(50,45,55,60,65)	0.8163	0.0476	0.9397	0.5678	0.9355	0.8256	0.9589	0.6674
0.2	(2,1)	(2,9)	(2,1)	(2,9)	(2,1)	(60,50,60,65,70)	0.6556	0.0445	0.9145	0.4246	0.9442	0.9010	0.9456	0.5467

指数分布下 G 的覆盖率和平均长度以及犯第一类错误的概率 表 2.14

Coverage probabilities and average length of G and the probabilities of Type I error under exponential distribtions Table 2.14

t	(μ_1,θ_1)	(μ_2,θ_2)	(μ_3,θ_3)	(τ_1,δ_1)	(τ_2,δ_2)	(l_1,l_2,l_3,h_1,h_2)	G_0	p	CP	AL	UCP	AUL	LCP	ALL
1	(0,100)	(0,100)	(0,100)	(0,100)	(0,100)	(30,35,45,50,55)	0.9703	0.0545	0.9447	0.4894	0.9365	0.8895	0.9624	0.6754
1	(0,100)	(0,100)	(0,100)	(0,100)	(0,100)	(45,40,50,55,60)	0.9703	0.0489	0.9545	0.3155	0.9444	0.8645	0.9575	0.5754
1	(0,100)	(0,100)	(0,100)	(0,100)	(0,100)	(50,45,55,60,65)	0.9703	0.0443	0.9389	0.5896	0.9215	0.9095	0.9543	0.6467
1	(0,100)	(0,100)	(0,100)	(0,100)	(0,100)	(60,50,60,65,70)	0.9703	0.0501	0.9464	0.2786	0.9517	0.9377	0.9588	0.6859
1	(0,100)	(2,100)	(0,100)	(2,100)	(0,100)	(30,35,45,50,55)	0.9606	0.0456	0.9154	0.3466	0.9413	0.9465	0.9367	0.5452
1	(0,100)	(2,100)	(0,100)	(2,100)	(0,100)	(45,40,50,55,60)	0.9606	0.0567	0.9256	0.4462	0.9567	0.9547	0.9485	0.5785
1	(0,100)	(2,100)	(0,100)	(2,100)	(0,100)	(50,45,55,60,65)	0.9606	0.0514	0.9511	0.3785	0.9431	0.9514	0.9599	0.5421
1	(0,100)	(2,100)	(0,100)	(2,100)	(0,100)	(60,50,60,65,70)	0.9606	0.0578	0.9567	0.2904	0.9246	0.9299	0.9546	0.5785
0.5	(0,100)	(0,100)	(0,100)	(0,100)	(0,100)	(30,35,45,50,55)	0.9851	0.0535	0.9352	0.4654	0.9489	0.9135	0.9575	0.6905
0.5	(0,100)	(0,100)	(0,100)	(0,100)	(0,100)	(45,40,50,55,60)	0.9851	0.0469	0.9425	0.5467	0.9167	0.9365	0.9490	0.6673
1	(0,50)	(0,50)	(0,50)	(0,50)	(0,50)	(45,40,50,55,60)	0.9414	0.0574	0.9267	0.4378	0.9509	0.9514	0.9556	0.5683
1	(0,150)	(0,150)	(0,150)	(0,150)	(0,150)	(50,45,55,60,65)	0.9802	0.0556	0.9390	0.3102	0.9256	0.9357	0.9503	0.5903
1	(0,200)	(0,200)	(0,200)	(0,200)	(0,200)	(60,50,60,65,70)	0.9851	0.0463	0.9262	0.4785	0.9433	0.9678	0.9533	0.5226

表 2.15　Weibull 分布下 G 的覆盖率和平均长度以及犯第一类错误的概率($a=2$)

Table 2.15　Coverage probabilities and average length of G and the probabilities of Type I error under Weibull distributions($a=2$)

t	λ_1	λ_2	λ_3	γ_1	γ_2	(l_1,l_2,l_3,h_1,h_2)	G_0	p	CP	AL	UCP	AUL	LCP	ALL
0.1	1	1	1	1	1	(30,35,45,50,55)	0.9703	0.0556	0.9444	0.4785	0.9234	0.8785	0.9610	0.4667
0.1	1	1	1	1	1	(45,40,50,55,60)	0.9703	0.0445	0.9434	0.2462	0.9378	0.7462	0.9534	0.5341
0.1	1	1	1	1	1	(50,45,55,60,65)	0.9703	0.0413	0.9597	0.4461	0.9452	0.8675	0.9611	0.5357
0.1	1	1	1	1	1	(60,50,60,65,70)	0.9703	0.0557	0.9537	0.4896	0.9531	0.9526	0.9544	0.6896
0.1	1	5	1	5	1	(30,35,45,50,55)	0.9319	0.0487	0.9335	0.2452	0.9357	0.9386	0.9531	0.5246
0.1	1	10	1	10	1	(45,40,50,55,60)	0.8861	0.0564	0.9478	0.3654	0.9478	0.8654	0.9619	0.6896
0.1	1	5	1	5	1	(50,45,55,60,65)	0.9319	0.0513	0.9540	0.2886	0.9553	0.9452	0.9535	0.5764
0.1	1	10	1	10	1	(60,50,60,65,70)	0.8861	0.0509	0.9435	0.3654	0.9209	0.8662	0.9677	0.7041
0.2	1	5	1	5	1	(30,35,45,50,55)	0.7504	0.0543	0.9314	0.4421	0.9352	0.9452	0.9614	0.6754
0.2	1	5	1	5	1	(45,40,50,55,60)	0.7504	0.0478	0.9478	0.3674	0.9264	0.8385	0.9377	0.6785

第 3 章　渐近广义枢轴量

从前面几章，我们已经看到了广义枢轴量在连续型参数模型推断中的广泛应用. 对于广义枢轴量的构造，我们采用了基于 Fiducial 推断的枢轴方程方法. 这个方法对于正态模型和其他一些较简单的连续型参数模型是行之有效的. 但是，对于非参数模型或者离散型参数模型，这个方法就不适用了. 注意到，Hannig，Iyer，Patterson [83] 证明了在正则条件下 Fiducial 广义置信区间具有渐近正确的覆盖概率，这也相当于刻画了 Fiducial 广义枢轴量的频率性质. 本章我们从频率意义的观点给出 (Fiducial) 广义枢轴量的一种推广——渐近广义枢轴量（asymptotic generalized pivotal quantity，简记为 AGPQ)，并探讨它的一些构造方法及其在非参数模型和离散型参数模型中的应用.

定义 3.0.1　*令 $\mathbb{X}_n \in \chi$ 是取自随机模型 $\{P_\xi,\ \xi \in \Xi\}$ 的样本量为 n 的样本. 假设 $\theta=\theta(\xi)\in\mathbb{R}$ 是兴趣参数，R_n 是随机变量. 若 R_n 满足下面条件则称它为 θ 的渐近广义枢轴量 (AGPQ)：*

(AGPQ1) 给定 $\mathbb{X}_n$ 后，R_n 的条件分布与 ξ 无关.

(AGPQ2) 当 $n\to\infty$ 时，$P(R_n \leqslant \theta \mid \mathbb{X}_n) \xrightarrow{d} U[0,\ 1]$.

记 θ 所有的 AGPQ 组成的集合为 $\mathscr{R}(\theta)$.

注 1：假设 $R_n \in \mathscr{R}(\theta)$. 记给定 $\mathbb{X}_n$ 下 R_n 的条件累积分布函数为 $F_n(\cdot \mid \mathbb{X}_n)$. 由 (AGPQ1)，$F_n$ 的分位点可以通过样本算出. 再由 (AGPQ2)，可以得到 θ 的渐近水平为 $1-\alpha$ 的等尾置信区间

$$[F_n^{-1}(\alpha/2 \mid \mathbb{X}_n), F_n^{-1}(1-\alpha/2 \mid \mathbb{X}_n)].$$

θ 的单边置信区间类似可得.

注 2：可以看出，AGPQ 并不包含所有的 Fiducial 广义枢轴

量. 实际上，只有具有渐近频率性质的Fiducial广义枢轴量才是AGPQ. 因此，AGPQ是所有合理（即具有渐近频率性质）的(Fiducial) 广义枢轴量的推广. 对应于Fiducial推断，兴趣参数的AGPQ的分布（给定观测值）也可以看作兴趣参数的某种“广义Fiducial”分布.

本章讨论AGPQ的构造和应用. 我们将利用Fiducial推断的一些思想，给出两种构造AGPQ的方法.

3.1　渐近枢轴方法

本节给出一种通过渐近枢轴等式构造AGPQ的方法. 这个方法是我们在第1章中给出的方法及Hannig，Iyer，Patterson [83]的结构性方法在渐近意义下的推广.

令 $S_n \in S \subset \mathbb{R}^k$ 是一统计量且 $\theta = \pi(\vartheta) \in \mathbb{R}$ 是兴趣参数. 其中，$\vartheta = \vartheta(\xi) \in \mathbb{R}^q$，$\pi$ 是已知函数. 假设存在映射 $f_n = (f_{1,n}, \cdots, f_{q,n})'$ 使得

$$f_n(S_n, \vartheta) \xrightarrow{d} N(0, \Sigma), \tag{3.1.1}$$

其中，$q \times q$ 维的渐近协差阵 Σ 可能依赖于 ξ，也允许是奇异的. 对每个 n 和 $s \in \mathscr{S}$，有

$$f_n(s, \cdot) \text{ 具有逆映射 } g_n(s, \cdot) = (g_1, n(s, \cdot), \cdots, g_q, n(s, \cdot))'. \tag{3.1.2}$$

令一列随机变量 E_n 收敛到 $N(0, \Sigma)$. 建立渐近枢轴等式

$$f_n(S_n, \vartheta) = E_n$$

来解 ϑ（这里，渐近的意思是指等式两边在渐近意义下有相同的分布）. 为了证明这个解就是 ϑ 的AGPQ，需要下面的假设.

假设 3.1.1　(i) $S_n \xrightarrow{P} \eta \in \mathbb{R}^k$.

(ii) 存在 q 列数 $a_{i,n} \to +\infty, i = 1, \cdots, q$ 和一个映射 $\tilde{f} = (\tilde{f}_1, \cdots, \tilde{f}_q)'$ 使得 $f_n(S_n, \vartheta) = \mathbf{A}_n \tilde{f}(S_n, \vartheta)$，其中 $\mathbf{A}_n = diag(a_{1,n}, \cdots, a_{q,n})$.

(iii) 在上面的假设下存在函数 $\widetilde{g}=(\widetilde{g}_1,\cdots,\widetilde{g}_q)'$ 使得 $\widetilde{g}(s,e)=g_n(s,\mathbf{A}_n^{-1}e)$ 对所有的 $s\in S$ 和 $e\in\mathbb{R}^q$ 都成立. 假设 $\widetilde{g}$ (s,e) 有下面的性质:

(a) $\frac{\partial}{\partial e_j}\widetilde{g}_i(s,\ e)|_{e=0}$ 在 $s=\eta$ 处是连续的，$\forall i,j=1,\cdots,q$.

(b) $\frac{\partial^2}{\partial e_j\partial e_l}\widetilde{g}_i(s,\ e)$ 在 $(\eta,\ 0)$ 的邻域内是连续的，$\forall i,j,l=1,\cdots,q$.

(c) $\mathbf{A}_n\widetilde{\mathbf{g}}^{(1)}(\eta,\ 0)\mathbf{A}_n^{-1}=\widetilde{g}^{(1)}(\eta,\ 0)$，其中

$$\widetilde{\mathbf{g}}^{(1)}(s,0)=\begin{pmatrix}\frac{\partial}{\partial e_1}\widetilde{g}_1(s,e)\,|_{e=0} & \cdots & \frac{\partial}{\partial e_q}\widetilde{g}_1(s,e)\,|_{e=0}\\ \vdots & \ddots & \vdots\\ \frac{\partial}{\partial e_1}\widetilde{g}_q(s,e)\,|_{e=0} & \cdots & \frac{\partial}{\partial e_q}\widetilde{g}_q(s,e)\,|_{e=0}\end{pmatrix}.$$

(iv) $\frac{\partial}{\partial u_i}\pi(u)$ 在 ϑ 的邻域内是连接的，$\forall i=1,\cdots,q$.

(v) 存在一列数 $b_n\to+\infty$ 使得

$$\pi^{(1)}(\vartheta)(b_n\mathbf{A}_n^{-1})\widetilde{\mathbf{g}}^{(1)}(\eta,0)\sum(\pi^{(1)}(\vartheta)(b_n\mathbf{A}_n^{-1})\widetilde{\mathbf{g}}^{(1)}(\eta,0))'$$

有有限非零的极限 v^2，其中 $\pi^{(1)}(u)=\left(\frac{\partial}{\partial u_1}\pi(u),\cdots,\frac{\partial}{\partial u_q}\pi(u)\right)$.

定理 3.1.1 假设式 (3.1.1)、式 (3.1.2) 和假设 3.1.1 成立，$En\,|_{\mathbb{X}_n}\xrightarrow{d.\,\mathrm{P}}N(0,\ \Sigma)$，给定样本 $\mathbb{X}_n$ 下 E_n 的条件分布与 ξ 无关. 那么，$\pi(g_n(S_n,\ E_n))\in\mathscr{R}(\theta)$.

证明: 这里我们会用到一些关于 "$\xrightarrow{d.\ \mathrm{P}}$" 收敛的结果，可参见 Xiong，Li [67]

显然 $\widetilde{g}(S,\cdot)$ 是 $\widetilde{f}(S,\cdot)$ 的逆映射. 因为 $\widetilde{f}(S_n,\ \vartheta)\xrightarrow{\mathrm{P}}0$，有

$$\begin{aligned}&\mathbf{A}_n(g_n(S_n,0)-\vartheta)\\&=\mathbf{A}_n(\widetilde{g}(S_n,0)-\vartheta)\\&=\mathbf{A}_n(\widetilde{g}(S_n,0)-\widetilde{g}(S_n,\widetilde{f}(S_n,\vartheta)))\\&=-\widetilde{\mathbf{g}}^{(1)}(S_n,0)\cdot f_n(S_n,\vartheta)+\mathbf{A}_n\widetilde{f}(S_n,\vartheta)'(O_p(1))_{q\times q}\widetilde{f}(S_n,\vartheta)\end{aligned}$$

$$=-\tilde{\boldsymbol{g}}^{(1)}(S_n,0)\cdot f_n(S_n,\vartheta)+(o_p(1),\cdots,o_p(1))'.$$

而

$$\begin{aligned}g_n(S_n,E_n)&=\tilde{g}(S_n,\mathbf{A}_n^{-1}E_n)\\&=\tilde{g}(S_n,0)+\tilde{\boldsymbol{g}}^{(1)}(S_n,0)\mathbf{A}_n^{-1}E_n+(\mathbf{A}_n^{-1}E_n)'(O_p(1))_{q\times q}\mathbf{A}_n^{-1}E_n\\&=\tilde{g}(S_n,0)+\tilde{\boldsymbol{g}}^{(1)}(\eta,0)\mathbf{A}_n^{-1}E_n+\mathbf{A}_n^{-1}(o_p(1),\cdots,o_p(1))'.\end{aligned}$$

由假设 3.1.1 (iii) (c),

$$\begin{aligned}&\mathbf{A}_n(g_n(S_n,E_n)-g_n(S_n,0))\\&=\mathbf{A}_n\tilde{\boldsymbol{g}}^{(1)}(\eta,0)\mathbf{A}_n^{-1}E_n+(o_p(1),\cdots,o_p(1))'\\&=\tilde{\boldsymbol{g}}^{(1)}(\eta,0)E_n+(o_p(1),\cdots,o_p(1))'.\end{aligned}$$

再次使用泰勒展开，有

$$\begin{aligned}\pi(g_n(S_n,0))-\theta&=\pi^{(1)}(\vartheta)(g_n(S_n,0)-\vartheta)+b_n^{-1}o_p(1)\\&=(\pi^{(1)}(\vartheta)\mathbf{A}_n^{-1})[\mathbf{A}_n(g_n(S_n,0)-\vartheta)]+b_n^{-1}o_p(1).\end{aligned}$$

因此

$$b_n[\pi(g_n(S_n,0))-\theta]\xrightarrow{d}N(0,v^2).\qquad(3.1.3)$$

由 $\mathbf{A}_n(g_n(S_n,E_n)-\vartheta)=(O_p(1),\cdots,O_p(1))'$，我们可得

$$\begin{aligned}b_n\|g_n(S_n,E_n)-\vartheta\|&=\left(\left(\frac{b_n}{a_{1,n}}\right)^2(a_{1,n}g_{1,n}(S_n,E_n)-\vartheta_1)^2+\cdots\right.\\&\qquad\left.+\left(\frac{b_n}{a_{q,n}}\right)^2(a_{q,n}g_{q,n}(S_n,E_n)-\vartheta_q)^2\right)^{\frac{1}{2}}\\&=O_p(1),\end{aligned}$$

其中，$\|\cdot\|$ 表示 Euclid 模. 因此，

$$\begin{aligned}&\pi(g_n(S_n,E_n))-\theta\\&=\pi^{(1)}(\vartheta)(g_n(S_n,E_n)-\vartheta)\\&\quad+o_p(\|g_n(S_n,E_n)-\vartheta\|)\\&=\pi^{(1)}(\vartheta)(g_n(S_n,E_n)-g_n(S_n,0))\\&\quad+\pi^{(1)}(\vartheta)(g_n(S_n,0)-\vartheta)+b_n^{-1}o_p(1)\\&=(\pi^{(1)}(\vartheta)\mathbf{A}_n^{-1})[\mathbf{A}_n(g_n(S_n,E_n)-g_n(S_n,0))]\end{aligned}$$

$$+(\pi^{(1)}(\vartheta)\boldsymbol{A}_n^{-1})[\boldsymbol{A}_n(g_n(S_n,0)-\vartheta)]+b_n^{-1}o_p(1),$$

由上面的等式和式（3.1.3），有

$$\begin{aligned}
&b_n[\pi(g_n(S_n,E_n))-\pi(g_n(S_n,0))]\\
&\quad=b_n(\pi^{(1)}(\vartheta)\boldsymbol{A}_n^{-1})[\boldsymbol{A}_n(g_n(S_n,E_n)-g_n(S_n,0))]+o_p(1)\\
&\quad=\pi^{(1)}(\vartheta)\boldsymbol{C}\widetilde{\boldsymbol{g}}^{(1)}(\eta,0)E_n+o_p(1).
\end{aligned}\tag{3.1.4}$$

而

$$\pi^{(1)}(\vartheta)\boldsymbol{C}\widetilde{\boldsymbol{g}}^{(1)}(\eta,0)E_n\mid\mathbb{X}_n\xrightarrow{d.\mathrm{P}}N(0,v^2)$$

根据式（3.1.3）、式（3.1.4）

$$\begin{aligned}
&P(\pi(g_n(S_n,E_n))\leqslant\theta\mid\mathbb{X}_n)\\
&\quad=P(b_n[\pi(g_n(S_n,E_n))-\pi(g_n(S_n,0))]\\
&\qquad\leqslant b_n[\theta-\pi(g_n(S_n,0))]\mid\mathbb{X}_n)\xrightarrow{d}U[0,1].
\end{aligned}$$

这就完成了证明.

下面的推论给出了上面定理中 E_n 的两个重要情形.

推论 3.1.1 假设式（3.1.1）、式（3.1.2）和假设 3.1.1 成立.

(i) 令 E_n 是一列随机变量且满足 $E_n\xrightarrow{d}N(0,\ \Sigma)$. 若 E_n 独立于$\mathbb{X}_n$且它的分布不依赖于ξ，那么有 $\pi(g_n(S_n,E_n))\in\mathscr{R}(\theta)$.

(ii) 假设$\hat{\xi}_n$是ξ的一个基于$\mathbb{X}_n$的估计. 令 S_n^* 是取自 $P_{\hat{\xi}_n}$的 S_n 的 *bootstrap* 版本. 若 $f_n(S_n^*,\vartheta(\hat{\xi}_n))\mid\mathbb{X}_n\xrightarrow{d.\mathrm{P}}N(0,\Sigma)$，则有 $\pi(g_n(S_n,f_n(S_n^*,\vartheta(\hat{\xi}_n))))\in\mathscr{R}(\theta)$.

例 3.1.1 我们将通过本例，说明经典的大样本区间估计和 *bootstrap* 估计是 AGPQ 区间估计的特例. 令 $\hat{\xi}_n$ 是 ξ 的一个估计. 假设 $\hat{\theta}_n=\theta(\hat{\xi}_n)$ 是 θ 的一个估计且有

$$a_n(\hat{\theta}_n-\theta)\xrightarrow{d}N(0,\sigma^2),$$

其中，a_n 是满足当 $n\to\infty$它也趋于无穷的一列数，且 $\hat{\sigma}_n^2$ 是σ^2 的一个相合估计. 令 E 是独立于$\mathbb{X}_n$的标准正态随机变量. 建立渐

近枢轴方程 $a_n(\hat{\theta}_n-\theta)/\hat{\sigma}_n=E$ 来解 θ，我们可得到如下的解：

$$R_{AN}=\hat{\theta}_n-\frac{\hat{\sigma}_n E}{a_n}.$$

由推论 3.1.1 (i) 可得，$R_{AN}\in\mathscr{R}(\theta)$. 可以看出基于 R_{AN} 对 θ 做推断与基于渐近正态性的方法是一致的. 进一步，假设

$$a_n(\hat{\theta}_n^*-\hat{\theta}_n)\mid\mathbb{X}_n\xrightarrow{d.\mathrm{P}}N(0,\sigma^2), \qquad (3.1.5)$$

$$\frac{a_n(\hat{\theta}_n^*-\hat{\theta}_n)}{\hat{\sigma}_n^*}\mid\mathbb{X}_n\xrightarrow{d.\mathrm{P}}N(0,1), \qquad (3.1.6)$$

其中，$\hat{\theta}_n^*$ 和 $\hat{\sigma}_n^*$ 分别是 $\hat{\theta}_n$ 和 $\hat{\sigma}_n$ 的 bootstrap 样本. 如果式 (3.1.5) 成立，则建立等式 $a_n(\hat{\theta}_n-\theta)=a_n(\hat{\theta}_n^*-\hat{\theta}_n)$ 来解 θ. 由推论 3.1.1 (ii)，我们可以得到下面的关于 θ 的 AGPQ：

$$R_{HB}=\hat{\theta}_n-(\hat{\theta}_n^*-\hat{\theta}_n).$$

而 $N(0,\sigma^2)$ 是关于 0 对称的，建立方程 $a_n(\theta-\hat{\theta}_n)=a_n(\hat{\theta}_n^*-\hat{\theta}_n)$ 来解 θ，可以得到另一个关于 θ 的 AGPQ：

$$R_{BP}=\hat{\theta}_n-(\hat{\theta}_n-\hat{\theta}_n^*)=\hat{\theta}_n^*.$$

如果式 (3.1.6) 成立，由推论 3.1.1 (ii)，建立 $a_n(\hat{\theta}_n-\theta)/\hat{\sigma}_n=a_n(\hat{\theta}_n^*-\hat{\theta}_n)/\hat{\sigma}_n^*$ 来解 θ，我们又可以得到 θ 的一个 AGPQ：

$$R_{BT}=\hat{\theta}_n-\hat{\sigma}_n-\frac{\hat{\theta}_n^*-\hat{\theta}_n}{\hat{\sigma}_n^*}.$$

很明显，基于 R_{HB}、R_{BP}、R_{BT} 构造 θ 的置信区间的过程，分别等价于 bootstrap-h 方法、分位点 bootstrap 方法和 bootstrap-t 方法（可参见 *Shao*，*Tu*[88]）.

3.2 渐近广义枢轴量与区间估计的等价性

本节，我们给出 AGPQ 与合理的置信区间之间的等价性. 设统计量 $C_n(\mathbb{X}_n, \gamma)$ 是 $\theta\in\mathbb{R}$ 的水平为 γ 的单边置信区间的置信上限，它的合理性表现为下面的假设.

假设 3.2.1 (i) 对任意的 $\gamma\in(0,1)$，单边置信区间 $(-\infty, C_n(\mathbb{X}_n,\gamma))$ 是渐近正确的. 也就是说，样本量 $n\to\infty$ 时，

$$P(\theta<C_n(\mathbb{X}_n,\gamma))\to\gamma.$$

(ii) 对任意的 n 和 $\mathbf{x}\in\chi$，$C_n(x,\gamma)$ 关于 $\gamma\in(0,1)$ 是严格增的.

定理 3.2.1 在假设 3.2.1 下，我们有 $C_n(\mathbb{X}_n,U)\in\mathcal{R}(\theta)$，其中 $U\sim U[0,1]$ 独立于 $\mathbb{X}_n$.

证明：因为 $C_n(\mathbb{X}_n,\gamma)$ 关于 γ 是严增的. 我们有

$$P(C_n(\mathbb{X}_n,U)<C_n(\mathbb{X}_n,\gamma)\mid\mathbb{X}_n)=P(U<\gamma)=\gamma.$$

这意味着

$$P(C_n(\mathbb{X}_n,U)<\theta\mid\mathbb{X}_n)<\gamma\Longleftrightarrow\theta<C_n(\mathbb{X}_n,\gamma).$$

因此

$$\begin{aligned}&P(P(C_n(\mathbb{X}_n,U)<\theta\mid\mathbb{X}_n)<\gamma)\\&=P(\theta<C_n(\mathbb{X}_n,\gamma))\to\gamma\quad\forall\gamma\in(0,1),\end{aligned}$$

也就是说，$P(C_n(\mathbb{X}_n,U)<\theta\mid\mathbb{X}_n)\xrightarrow{d}U[0,1]$.

AGPQ 与置信区间的等价性可以用来构造独立总体下参数的置信区间，下面以两独立总体来说明. 令 $\mathbb{X}_n$ 与 $\mathbb{Y}_m$ 独立且 $m=m_n$. 对任意的 $\gamma\in(0,1)$，$C_n(\mathbb{X}_n,\gamma)$ 和 $D_m(\mathbb{Y}_m,\gamma)$ 分别是置信水平为 γ 的 ϕ 和 φ 的单边置信区间的置信限，且它们都满足假设 3.2.1. 假设 $\theta=\pi(\phi,\varphi)\in\mathbb{R}$ 是兴趣参数. 我们通常可以基于 $C_n(\mathbb{X}_n,\gamma)$ 和 $D_m(\mathbb{Y}_m,\gamma)$ 来得到 θ 的渐近正确的置信区间.

假设 3.2.2 假设存在一列正数 a_n 和两个统计量 $\phi_n=\phi_n(\mathbb{X}_n)$，$\varphi_m=\varphi_m(\mathbb{Y}_m)$ 满足 (i) $a_n(\phi_n-\phi)$ 和 $a_n(\varphi_m-\varphi)$ 分别依分布收敛到连续的严格增的累积分布函数；

(ii) $\forall\gamma\in(0,1)$，$a_n(C_n(\mathbb{X}_n,\gamma)-\phi_n)$ 和 $a_n(D_m(\mathbb{Y}_m,\gamma)-\varphi_m)$ 分别几乎处处收敛到常数(依赖于 γ).

假设 3.2.3 $\left(\frac{\partial}{\partial u_1}\pi(u_1,u_2),\frac{\partial}{\partial u_2}\pi(u_1,u_2)\right)'$ 在 $(\phi,\varphi)'$ 的邻

域内连续且$\left(\frac{\partial}{\partial u_1}\pi(\phi, \varphi), \frac{\partial}{\partial u_2}\pi(\phi, \varphi)\right)'\neq 0$.

定理 3.2.2 在假设 3.2.2 和假设 3.2.3 下，有

$$\pi(C_n(\mathbb{X}_n, U_1), D_m(\mathbb{Y}_m, U_2)) \in \mathscr{R}(\theta),$$

其中 U_1，$U_2 i.i.d. \sim U[0, 1]$ 且独立于 $(\mathbb{X}_n, \mathbb{Y}_m)$.

证明：令 $a_n(\phi-\phi_n)$ 和 $a_n(\varphi-\varphi_n)$ 的渐近分布分别为 F 和 G，$a_n(C_n(\mathbb{X}_n, \gamma)-\phi_n)$ 和 $a_n(D_m(\mathbb{Y}_m, \gamma)-\varphi_m)$ 的极限分别为 $c(\gamma)$ 和 $d(\gamma)$. 那么，

$$P(a_n(\phi-\phi_n) < a_n(C_n(\mathbb{X}_n, \gamma)-\phi_n)) \rightarrow \gamma,$$
$$P(a_n(\varphi-\varphi_m) < a_n(D_m(\mathbb{Y}_m, \gamma)-\varphi_m)) \rightarrow \gamma.$$

这意味着 $c(\gamma)=F^{-1}(\gamma)$，$d(\gamma)=G^{-1}(\gamma)$. 也就是说，$a_n(C_n(\mathbb{X}_n, \gamma)-\phi_n)$，$a_n(D_m(\mathbb{Y}_m, \gamma)-\varphi_m)$ 分别几乎处处收敛到 $F^{-1}(\gamma)$ 和 $G^{-1}(\gamma)$，且有

$$(a_n(C_n(\mathbb{X}_n, U_1)-\phi_n),$$
$$a_n(D_m(\mathbb{Y}_m, U_2)-\varphi_m))' \mid_{(\mathbb{X}_n, \mathbb{Y}_m)} \xrightarrow{d.P} (Z_1, Z_2)',$$

其中，$Z_1=F^{-1}(U_1)\sim F$ 独立于 $Z_2=G^{-1}(U_2)\sim G$. 由中值定理，

$$a_n(\pi(C_n(\mathbb{X}_n, \gamma), D_m(\mathbb{Y}_m, \gamma))-\pi(\phi, \varphi)) \mid_{(\mathbb{X}_n, \mathbb{Y}_m)} \xrightarrow{d.P}$$
$$Z_1 \frac{\partial}{\partial u_1}\pi(\phi, \varphi)+Z_2 \frac{\partial}{\partial u_2}\pi(\phi, \varphi).$$

而

$$a_n(\pi(\phi_n, \varphi_m)-\pi(\phi, \varphi)) \xrightarrow{d} Z_1 \frac{\partial}{\partial u_1}\pi(\phi, \varphi)+Z_2 \frac{\partial}{\partial u_2}\pi(\phi, \varphi).$$

由引理可得，

$$P(\pi(C_n(\mathbb{X}_n, \gamma), D_m(\mathbb{Y}_m, \gamma)) \leqslant \theta \mid \mathbb{X}_n, \mathbb{Y}_m)$$
$$=P(a_n[\pi(C_n(\mathbb{X}_n, \gamma), D_m(\mathbb{Y}_m, \gamma))-\theta]$$
$$\leqslant a_n[\pi(\phi_n, \varphi_m)-\theta] \mid \mathbb{X}_n, \mathbb{Y}_m) \xrightarrow{d} U[0,1].$$

这就完成了证明.

上面的定理说明由单总体区间估计可得到两总体区间估计，这对构造两样本问题中的置信区间很有帮助.

例 3.2.1 假设 $X_1, \cdots, X_n\ i.i.d. \sim N(\mu, \sigma^2)$. 令 $\bar{X}$，S^2 分别表示样本均值和样本方差. 那么，μ 的精确的单边上置信限为

$$C_n(\mathbb{X}_n,\gamma)=\bar{X}-\frac{St_{n-1}(\gamma)}{\sqrt{n}},$$

其中，t_{n-1}（γ）是自由度为 $n-1$ 的 t 分布的上 γ 分位点. 令 $U\sim U[0,1]$ 独立于 $\mathbb{X}_n$. 容易看出，给定样本下 $C_n(\mathbb{X}_n, U)$ 的条件分布与 μ 的 Fiducial 分布或非信息先验 $p(\mu, \sigma^2)\propto 1/\sigma^2$ 下 μ 的 Bayesian 分布是相同的（可见 *Gelman et al*. [69]）. 对于像 Behrens-Fisher 问题的两样本问题，基于 $C_n(\mathbb{X}_n, \gamma)$ 的方法可以得到和 Fiducial/Bayesian 方法相同的区间估计.

3.3 应　用

3.3.1 非参数两样本均值差的区间估计

令 $X_1,\cdots,X_n$ i. i. d. $\sim F$ 独立于 $Y_1,\cdots,Y_m$ i. i. d. $\sim G$ 且 $0<VarX_1<\infty$，$0<VarY_1<\infty$，$\mu_1=EX_1$，$\mu_2=EY_1$ 我们的兴趣参数是 $\theta=\mu_1-\mu_2$. 对参数 θ 的推断可以看成是 Behrens-Fisher 问题的非参数形式. 这个问题一直受到广泛的关注（可见 Zhou，Dinh [70]）.

令 $\bar{X}_n=\sum_{i=1}^{n}X_i/n, S_{1,n}^2=\sum_{i=1}^{n}(X_i-\bar{X}_n)^2/(n-1), \bar{Y}_m=\sum_{i=1}^{m}Y_i/m, S_{2,m}^2=\sum_{i=1}^{m}(Y_i-\bar{Y}_m)^2/(m-1)$ 分别是两个总体的样本均值和样本方差. 记 $X_1,\cdots,X_n$ 和 $Y_1,\cdots,Y_m$ 的经验分布函数分别是 F_n 和 G_m. 假设 $X_1^*,\cdots,X_n^*$ i. i. d. $\sim F_n$，$Y_1^*,\cdots,Y_m^*$ i. i. d. $\sim G_m$，且 $\bar{X}_n^*$，$S_{1,n}^{*2}$，$\bar{Y}_m^*$ 和 $S_{2,m}^{*2}$ 分别是 $\bar{X}_n$，$S_{1,n}^2$，$\bar{Y}_m$ 和 $S_{2,m}^2$ 的 bootstrap 统计量.

有两种方法可以得到 θ 的 AGPQ. 一种方法是直接用 $\bar{X}_n-\bar{Y}_m$ 的大样本性质，这就得到了传统的大样本区间估计；另一种方法是通过 $(\mu_1, \mu_2)'$ 的渐近枢轴等式来构造它的 AGPQ. 这两种方法得到实际上一致的 AGPQ（即分布相同）：

$$R_{AN}=\left(\bar{X}_n-\frac{S_{1,n}E_1}{\sqrt{n}}\right)-\left(\bar{Y}_m-\frac{S_{2,m}E_2}{\sqrt{m}}\right),$$

其中，E_1，E_2 i. i. d. $\sim N(0,\ 1)$ 且独立于样本. 相似地，基于 hybrid bootstrap 和分位点 bootstrap，也可得到相同的 AGPQ：

$$R_{HB}=R_{MHB}=[\bar{X}_n-(\bar{X}_n^*-\bar{X}_n)]-[\bar{Y}_m-(\bar{Y}_m^*-\bar{Y}_m)];$$

$$R_{BP}=R_{MBP}=\bar{X}_n^*-\bar{Y}_m^*.$$

但是，由基于 bootstrap-t 的渐近枢轴方程得到的 AGPQ 为：

$$R_{MBT}=\left(\bar{X}_n-\frac{S_{1,n}(\bar{X}_n^*-\bar{X}_n)}{S_{1,n}^*}\right)-\left(\bar{Y}_m-\frac{S_{2,m}(\bar{Y}_m^*-\bar{Y}_m)}{S_{2,m}^*}\right),$$

而基于传统 bootstrap-t 得到的 AGPQ 为：

$$R_{BT}=(\bar{X}_n-\bar{X}_m)-\frac{\sqrt{mS_{1,n}^2+nS_{2,m}^2}}{\sqrt{mS_{1,n}^{*2}+nS_{2,m}^{*2}}}[(\bar{X}_n^*-\bar{Y}_m^*)-(\bar{X}_n-\bar{Y}_m)].$$

基于 R_{MBT} 的区间估计，是一种新的估计方法.

现在，我们给出基于 R_{BT} 和 R_{MBT} 的 θ 的区间估计的模拟比较. 在模拟过程中，置信水平 $1-\alpha=0.95$，重复次数是 5000，bootstrap Monte Carlo 样本量是 2000，我们考虑下面的几种情况：

Case 1：$X_1\sim N(0,1),Y_1\sim N(0,4)$；

Case 2：$X_1\sim N(0,1),Y_1\sim N(0,10)$；

Case 3：$X_1\sim t_4,Y_1\sim t_4$；

$\theta=\mu_1-\mu_2$ 的置信区间　　　　**表 3.1**

		$(n,\ m)$	10，10		20，30		50，10	
	θ		CP	AL	CP	AL	CP	AL
Case 1	0	R_{BT}	0.960	3.748	0.972	2.146	0.971	3.636
		R_{MBT}	0.959	3.410	0.933	1.767	0.952	3.064
Case 2	0	R_{BT}	0.984	6.842	0.990	3.849	0.983	7.008
		R_{MBT}	0.953	4.988	0.944	2.544	0.944	4.733
Case 3	0	R_{BT}	0.936	2.793	0.962	1.749	0.954	2.185

续表

	θ	(n, m)	10，10		20，30		50，10	
			CP	AL	CP	AL	CP	AL
		R_{MBT}	0.948	3.099	0.950	1.722	0.953	2.308
Case 4	0	R_{BT}	0.918	2.618	0.958	1.647	0.932	2.033
		R_{MBT}	0.928	2.989	0.956	1.659	0.935	2.146
Case 5	3	R_{BT}	0.929	6.740	0.939	4.163	0.925	2.363
		R_{MBT}	0.953	7.472	0.947	4.267	0.943	2.570
Case 6	0	R_{BT}	0.997	21.520	1	12.135	0.996	23.371
		R_{MBT}	0.940	10.923	0.931	5.486	0.933	10.836
Case 7	−7/2	R_{BT}	0.948	6.121	0.989	3.432	0.954	6.211
		R_{MBT}	0.953	4.693	0.952	2.227	0.945	4.642

Case 4：$X_1 \sim 0.9N(0, 1)+0.1N(0, 10)$，$Y_1 \sim t_5$；

Case 5：$X_1 \sim Exp(1/4)$，$Y_1 \sim U[0, 2]$；

Case 6：$X_1 \sim DE(1)$，$Y_1 \sim DE(1/5)$；

Case 7：$X_1 \sim Beta(1/2, 1/2)$，$Y_1 \sim Gamma(2, 1/2)$，

其中，$Exp(1/4)$ 表示均值为 4 的指数分布，$DE(\lambda)$ 表示密度是 $f(t)=2\lambda\exp(-\lambda|t|)$的双指数分布.

表 3.1 给出了两种置信区间的覆盖率和平均长度. 与基于 R_{BT} 的置信区间相比，基于 R_{MBT} 的置信区间具有更接近于名义水平的覆盖率和更短的平均长度.

3.3.2 非参数单因素随机效应模型中的区间估计

在这个例子中，我们讨论单因素随机效应模型

$$X_{ij} = \mu + \gamma_i + \varepsilon_{ij}, i = 1,\cdots,n, j = 1,\cdots,m,$$

其中，γ_i，$i=1,\cdots,n,\varepsilon_{ij}$，$i=1,\cdots,n$，$j=1,\cdots,m$ 相互独立. 令 σ_ε^2、σ_γ^2 分别是 ε_{11} 和 γ_1 的方差，我们来考虑 $\pi(\sigma_\varepsilon^2, \sigma_\gamma^2)$ 的区间估计问题. 其中，π 是光滑函数.

假设：

$$\gamma_i \sim N(0,\sigma_\gamma^2), i = 1,\cdots,n, \tag{3.3.1}$$

$$\varepsilon_{ij} \sim N(0,\sigma_\varepsilon^2), i=1,\cdots,n, j=1,\cdots,m, \quad (3.3.2)$$

Weerahandi [90],[23],[24], Hannig, Iyer, Patterson [83], E, Hannig, Iyer [77] 都对这个问题进行了研究. 但是，实际应用中对随机效应进行正态假设有时不太合理. 因此，我们将式（3.3.1）替换成更弱的假设：

$$\gamma_i \sim F, i=1,\cdots,n, E_{\gamma_1}=0, E_{\gamma_1^4}<\infty. \quad (3.3.3)$$

这里，随机效应的分布可能不是正态. 在式（3.3.2）和式（3.3.3）下，我们通过枢轴等式方法来讨论 σ_γ^2 的区间估计.

记

$$\bar{X}=\frac{\sum_{i=1}^n\sum_{j=1}^m X_{ij}}{nm}, \bar{X}_i=\frac{\sum_{j=1}^n X_{ij}}{m}, i=1,\cdots,n,$$

$$S_E^2=\sum_{i=1}^n\sum_{j=1}^m(X_{ij}-\bar{X}_{i\cdot})^2, S_B^2=\sum_{i=1}^n(\bar{X}_{i\cdot}-\bar{X})^2.$$

容易证明 $S_E^2/\sigma_\varepsilon^2 \sim \chi^2_{n(m-1)}$ 且 S_E^2 与 S_B^2 不相关. 另外，当 $n\to\infty$，

$$\sqrt{n}\left(\frac{S_B^2}{n}\Big/\left(\sigma_\gamma^2+\frac{\sigma_\varepsilon^2}{m}\right)\right)\xrightarrow{d}\text{一个正态分布}.$$

我们用 bootstrap 方法来近似 $S_B^2/(\sigma_\gamma^2+\frac{\sigma_\varepsilon^2}{m})$ 的分布.

记基于 $\bar{X}_1,\cdots,\bar{X}_n$ 的经验分布函数为 $\bar{F}_n$. 从 $\bar{F}_n$ 抽取 bootstrap 样本 $Y_1,\cdots,Y_n$ i. i. d. $\sim\bar{F}_n$. $\bar{Y}=\sum_{i=1}^n Y_i/n, S_B^{2*}=\sum_{i=1}^n(Y_i-\bar{Y})^2$. 我们知道，$S_B^2\Big/\left(\sigma_\gamma^2+\frac{\sigma_\varepsilon^2}{m}\right)$的分布可以由给定样本下 nS_B^{2*}/S_B^2 的条件分布来近似. 容易证明，当 n 趋于无穷时，nS_B^{2*}/S_B^2 的条件分布以概率 1 收敛到 $S_B^2\Big/\left(\sigma_\gamma^2+\frac{\sigma_\varepsilon^2}{m}\right)$ 的渐近分布. 因此，可建立下面的等式

$$\begin{cases} S_E^2/\sigma_\varepsilon^2=K \\ S_B^2\Big/\left(\sigma_\gamma^2+\dfrac{\sigma_\varepsilon^2}{m}\right)=nS_B^{2*}/S_B^2 \end{cases} \quad (3.3.4)$$

来解 σ_ε^2 和 σ_γ^2. 其中，$K\sim\chi^2_{n(m-1)}$ 独立于样本 $\mathbb{X}$. 由于式（3.3.4）

的构造充分运用了正态假设式（3.3.2）并且 bootstrap 方法常常能很好地近似一个分布，我们有理由相信式（3.3.4）是个令人满意的枢轴等式.

由式（3.3.4）的解，有

$$R_B=\left(\frac{S_E^2}{K},\frac{S_B^2}{nS_B^{2*}}-\frac{S_E^2}{mK}\right)',$$

$\pi(\sigma_\varepsilon^2,\ \sigma_\gamma^2)$ 的双边 $1-\alpha$ 置信区间为

$$[H_B^{-1}(\alpha/2\mid\mathbb{X}),H_B^{-1}(1-\alpha/2\mid\mathbb{X})],\qquad(3.3.5)$$

其中，$H_B(\cdot\mid\mathbb{X})$ 是给定样本$\mathbb{X}$下 $\pi(R_B)$ 的条件分布.

下面我们比较一下

$$r=\frac{\sigma_\gamma^2}{\sigma_\varepsilon^2+\sigma_\gamma^2}$$

的基于正态假设的置信区间（记为 FI），基于渐进正态性的置信区间（NI）和我们给出的 bootstrap 广义置信区间（BGI）. 在我们的模拟研究中，置信水平设置为 $1-\alpha=0.95$，重复次数为 1000 次，FI 和 BGI 的 Monte Carlo 次数为 2000 次，ε 的分布为标准正态分布，令 $K=3$，γ 和 n 的设置见表 3.2. EXP（1/2）表示均值为 1/2 的指数分布，LN 表示对数正态分布. 表 3.2 给出了三种置信区间在各种参数下的表现. 评判标准是置信区间的覆盖率（CP）和区间长度（AL）.

从表 3.2 中，我们可以看出：

（1）在大部分情况下，NI 的覆盖概率是三种置信区间中最低的.

（2）在 γ 的分布是正态分布时，FI 的表现是最好的. 在 n 比较小时，BGI 的表现比 FI 稍差，其他情况下两者表现相近.

（3）当 γ 是轻尾分布时，FI 和 BGI 的覆盖概率都是令人满意的. 但随着 n 的增加，FI 趋于保守.

（4）当 γ 是重尾分布时，当 n 较小时，FI 表现得相对好些. 但随着 n 的增加，FI 的表现越来越差. BGI 的表现在这些情况下都优于 NI.

从稳健的角度看，FI 的表现并不令人满意，而 BGI 的表现优于 NI. 因此，当我们不确定 γ 的分布族时，我们推荐 BGI.

3.3.3　二项分布中的区间估计

令 $X_n \sim B(n, p)$ 独立于 $Y_m \sim B(m, q)$，p，$q \in (0, 1)$. 记 $\hat{p}=X_n/n$，$\hat{q}=Y_m/m$. 我们希望构造 $\theta=\pi(p, q)$ 的置信区间，其中 π 是满足假设 3.2.3 的函数. 对于单个二项分布，Brown，Cai，DasGupta [72]，[73] 指出了与 Rao 的得分检验对应的区间估计（下面称为得分区间）在覆盖率和平均长度上都表现良好. 但是，对于两样本问题，由于存在讨厌参数，θ 的得分区间不具有显式形式. 如果 π 满足假设 3.2.3 应用 3.2 节介绍的方法，我们基于单样本的得分区间可以构造 θ 的置信区间. 容易得到，p 的名义水平为 γ 的单边上置信限为（可参见 Shao [74]）：

r 的置信区间（$1-\alpha=0.95$）　　表 3.2

γ 的分布	r		$n=20$		$n=50$		$n=100$	
			CP	AL	CP	AL	CP	AL
$N(0, 1)$	0.5	FI	0.940	0.490	0.947	0.318	0.956	0.225
		NI	0.872	0.460	0.914	0.309	0.937	0.223
		BGI	0.931	0.473	0.936	0.311	0.950	0.222
$U[-1, 1]$	0.25	FI	0.960	0.489	0.965	0.347	0.959	0.252
		NI	0.850	0.413	0.892	0.312	0.922	0.231
		BGI	0.942	0.464	0.950	0.328	0.945	0.238
weibull(2, 2)	0.097	FI	0.949	0.386	0.954	0.271	0.957	0.211
		NI	0.815	0.302	0.899	0.240	0.908	0.194
		BGI	0.939	0.384	0.951	0.269	0.950	0.209
$0.5N(-1, 1)$ $+0.5N(1, 1)$	0.667	FI	0.951	0.399	0.964	0.250	0.967	0.177
		NI	0.887	0.366	0.926	0.233	0.947	0.166
		BGI	0.935	0.372	0.940	0.234	0.951	0.166
$0.9N(0, 1)$	0.565	FI	0.922	0.461	0.927	0.297	0.917	0.209

续表

γ的分布	r		n=20		n=50		n=100	
			CP	AL	CP	AL	CP	AL
+0.1N(0, 4)		NI	0.847	0.448	0.926	0.312	0.930	0.229
		BGI	0.902	0.456	0.939	0.310	0.938	0.228
Exp(1/2)	0.2	FI	0.931	0.451	0.930	0.328	0.900	0.246
		NI	0.816	0.393	0.883	0.326	0.895	0.264
		BGI	0.918	0.459	0.942	0.350	0.933	0.273
LN(0, 1/2)	0.267	FI	0.916	0.474	0.896	0.340	0.883	0.250
		NI	0.797	0.431	0.873	0.356	0.899	0.280
		BGI	0.912	0.486	0.920	0.368	0.925	0.281
t_5	0.625	FI	0.901	0.431	0.880	0.273	0.863	0.193
		NI	0.859	0.443	0.902	0.311	0.922	0.233
		BGI	0.915	0.444	0.920	0.305	0.925	0.229

$$C_n(X_n,\gamma)=\frac{2X_n+u_\gamma^2}{2(n+u_\gamma^2)}-\frac{\sqrt{u_\gamma^2(4n\hat{p}(1-\hat{p})+u_\gamma^2)}}{2(n+u_\gamma^2)}I(\gamma\leqslant 1/2)$$

$$+\frac{\sqrt{u_\gamma^2(4n\hat{p}(1-\hat{p})+u_\gamma^2)}}{2(n+u_\gamma^2)}I(\gamma>1/2),$$

其中，u_γ 是标准正态分布的上 γ 分位数，I 表示示性函数. 令 U_1，U_2 i. i. d. $\sim U[0, 1]$ 独立于（X_n，Y_m）.

$$[F^{-1}(\alpha/2 \mid X_n,Y_m),F^{-1}(1-\alpha/2 \mid X_n,Y_m)], \quad (3.3.6)$$

其中，$F(\cdot \mid X_n, Y_m)$ 是给定（X_n，Y_m）下 $\pi(C_n(X_n, U_1), C_m(Y_m, U_2))$ 的条件分布. 容易证明，当 $n\to\infty$，$n/m\to\lambda\in(0, \infty)$ 时，这种置信区间是渐近有效性的.

令 $U_1,\cdots,U_n$ 是取自 $U[0, 1]$ 的独立同分布的随机变量，$U_0=0$，$U_{n+1}=1$. 记它们的次序统计量为 $U_{0:n}\leqslant U_{1:n}\leqslant\cdots\leqslant U_{n:n}\leqslant U_{n+1:n}$. 基于广义推断的方法，Hannig［75］给出了关于 p 的 fiducial 广义枢轴量，

$$R_f=U_{X_n:n}+D(U_{X_n+1:n}-U_{X_n:n}),$$

其中，D 是任意的支撑在［0，1］上的随机变量. 若 D 是来自参数分别为 1/2，1/2 的 beta 分布，那么 p 的 fiducial 分布就是

Jeffrey 先验下的 Bayesian 后验分布. Hannig [75] 在做了大量模拟研究后建议使用 $D \sim U$ [0, 1]. 因此，令 $D \sim U[0, 1]$，我们比较 $p-q$ 的改进的得分置信区间（MS）式（3.3.6），Jeffrey 先验下的 Bayesian 等尾置信区间（B）和 fiducial 等尾置信区间（F）. 在模拟研究中，令置信水平为 $1-\alpha=0.95$，循环次数为 2000，计算置信区间的 Monte Carlo 循环次数为 5000. 表 3.3 给出了覆盖概率（CPs）和平均长度（ALs）. 从模拟结果可以看出，区间 F 的覆盖概率一般在名义水平之上. 但是，它的平均长度要比其他的区间长. 当参数靠近参数空间的边界时，区间 B 的平均长度要比区间 MS 短些，但是它的覆盖率在某些情况下较低. 因此我们可以说，区间 MS 的表现要优于其他两种区间估计.

$p-q$ 的置信区间（$1-\alpha=0.95$） **表 3.3**

	(n, m)	(5, 10)		(10, 10)		(20, 10)		(10, 50)	
(p, q)		CP	AL	CP	AL	CP	AL	CP	AL
(0.5, 0.05)	B	0.949	0.733	0.957	0.617	0.949	0.514	0.941	0.543
	F	0.956	0.803	0.964	0.664	0.960	0.551	0.961	0.567
	MS	0.950	0.735	0.955	0.630	0.954	0.540	0.954	0.527
(0.5, 0.25)	B	0.929	0.824	0.950	0.720	0.940	0.629	0.951	0.581
	F	0.946	0.888	0.954	0.758	0.955	0.657	0.959	0.604
	MS	0.935	0.814	0.952	0.711	0.945	0.624	0.952	0.565
(0.5, 0.45)	B	0.931	0.861	0.942	0.759	0.949	0.670	0.948	0.597
	F	0.953	0.924	0.957	0.795	0.952	0.697	0.959	0.620
	MS	0.936	0.845	0.942	0.744	0.949	0.655	0.953	0.580
(0.5, 0.65)	B	0.924	0.851	0.927	0.745	0.941	0.655	0.942	0.590
	F	0.958	0.914	0.944	0.782	0.949	0.682	0.953	0.613
	MS	0.930	0.835	0.932	0.732	0.943	0.645	0.945	0.574
(0.5, 0.85)	B	0.958	0.790	0.944	0.678	0.954	0.583	0.943	0.565
	F	0.965	0.856	0.951	0.719	0.960	0.614	0.956	0.589
	MS	0.960	0.783	0.945	0.678	0.952	0.591	0.949	0.549
(0.9, 0.05)	B	0.954	0.577	0.941	0.468	0.951	0.396	0.962	0.375

续表

(p, q)	(n, m)	(5, 10) CP	(5, 10) AL	(10, 10) CP	(10, 10) AL	(20, 10) CP	(20, 10) AL	(10, 50) CP	(10, 50) AL
	F	0.970	0.651	0.953	0.517	0.968	0.437	0.971	0.410
	MS	0.942	0.602	0.942	0.500	0.949	0.431	0.950	0.402
(0.9, 0.25)	B	0.944	0.693	0.932	0.598	0.942	0.536	0.959	0.434
	F	0.962	0.770	0.960	0.642	0.967	0.566	0.966	0.468
	MS	0.945	0.709	0.951	0.605	0.952	0.537	0.954	0.458
(0.9, 0.45)	B	0.961	0.746	0.958	0.650	0.946	0.591	0.961	0.452
	F	0.978	0.824	0.967	0.692	0.960	0.619	0.972	0.486
	MS	0.961	0.762	0.953	0.654	0.957	0.582	0.959	0.478
(0.9, 0.65)	B	0.938	0.744	0.953	0.638	0.943	0.579	0.958	0.454
	F	0.970	0.827	0.957	0.685	0.958	0.609	0.971	0.487
	MS	0.955	0.776	0.957	0.656	0.954	0.580	0.960	0.482
(0.9, 0.85)	B	0.984	0.685	0.970	0.569	0.954	0.499	0.966	0.415
	F	0.985	0.777	0.981	0.625	0.985	0.538	0.975	0.452
	MS	0.985	0.745	0.977	0.619	0.968	0.533	0.963	0.450
(0.22, 0.75)	B	0.957	0.756	0.945	0.661	0.947	0.582	0.943	0.510
	F	0.979	0.826	0.969	0.701	0.964	0.612	0.961	0.538
	MS	0.961	0.755	0.960	0.657	0.956	0.580	0.950	0.513
(0.45, 0.45)	B	0.935	0.859	0.944	0.757	0.948	0.669	0.941	0.594
	F	0.962	0.923	0.953	0.794	0.955	0.697	0.951	0.618
	MS	0.938	0.843	0.947	0.741	0.952	0.655	0.945	0.578

3.3.4 非参数可靠性问题中的区间估计

设 $X\sim F$ 和 $Y\sim G$ 为相互独立的正随机变量，且 $EX^2<\infty$，$EY^2<\infty$. 本节基于独立同分布的观测值 $X_1,X_2,\cdots,X_m\sim F$，$Y_1,Y_2,\cdots,Y_n\sim G$ 讨论下面三种参数的统计推断问题：

(1) $\zeta=P(X<Y)$，

(2) $\phi=E\left[\max(X, Y)\right]$，$\varphi=E\left[\min(X, Y)\right]$.

上述参数的统计推断问题，源于对可靠性问题的研究. 若 Y 表示一个元件的某种指标，当且仅当 Y 小于某一个随机变量

X 时，此元件失效．因此，ζ 是此元件一个可靠性的度量．对参数（2）的推断，出现在并联或串联独立元件的可靠性推断中，令 X，Y 分别表示两个独立元件的寿命．则 ϕ 即由这两个元件并联后系统的平均寿命．显然 φ 是相应串联系统中的对应参数．

许多作者对参数模型下的上述问题进行了研究．例如，文献［76，77，78］研究了 ζ 的推断问题，文献［79，80，81］研究了串联和并联系统的可靠性问题．然而，对这些参数的非参数推断的研究还很有限．实际上，很多可靠性研究中所关心的随机变量的分布很难用一个参数分布族来拟合．Liu 和 Tsp-kos[82]考虑了两元件并联系统中可靠性函数的非参数估计．Sen[83]利用 U 统计量讨论了四类可靠性中的可靠性问题，包括对 ϕ 和 φ 的推断．在本节中，将基于变换方法给出参数（1）和参数（2）的新的置信区间．

3.3.4.1　ζ 的推断

在本小节中，讨论 ζ 的推断问题，给出它的四种置信区间并通过模拟对它们进行比较．一般是通过 U 统计量的渐近性质，来构造 ζ 的置信区间．由文献［84］知道，ζ 的 U 统计量为

$$U_\zeta = \frac{1}{mn}\sum_{i=1}^{m}\sum_{j=1}^{n} I(Y_j > X_i),$$

式中，I 为示性函数．根据 U 统计量的渐近正态性，当 $N=m+n\to\infty$，$m/N\to\lambda\in(0,1)$，有

$$\sqrt{N}(U_\zeta-\zeta)\xrightarrow{d} N\left(0,\frac{\xi_{10}}{\lambda}+\frac{\xi_{01}}{1-\lambda}\right), \quad (3.3.4.1)$$

式中，$\xi_{10}=\mathrm{cov}[I(Y_1>X_1),\ I(Y_2>X_1)]$，$\xi_{01}=\mathrm{cov}[I(Y_1>X_1),\ I(Y_1>X_2)]$．

下面给出式（3.3.4.1）中渐近方差的一个相合估计．分别构造 $E[I(Y_1>X_1)I(Y_2>X_1)]$ 和 $E[I(Y_1>X_1)I(Y_1>X_2)]$ 的 U 统计量，有

$$\hat{\xi}_{10} = \frac{1}{m\binom{n}{2}}\sum_{k=1}^{m}\sum_{i<j} I(Y_i > X_k)I(Y_j > X_k) - U_\zeta^2,$$

$$\hat{\xi}_{01}=\frac{1}{n\binom{m}{2}}\sum_{k=1}^{n}\sum_{i<j}I(Y_k>X_i)I(Y_k>X_j)-U_\zeta^2$$

是 ξ_{10}，ξ_{01} 的相合估计. 将 $\hat{\sigma}_N^2=\frac{N\hat{\xi}_{10}}{m}+\frac{N\hat{\xi}_{01}}{n}$ 代入式（3.3.4.1），可以得到

$$\frac{\sqrt{N}(U_\zeta-\zeta)}{\hat{\sigma}_N}\xrightarrow{d}N(0,1).$$

那么，得到下面的关于 ζ 的渐近水平为 $1-\alpha$ 的等尾置信区间

$$[U_\zeta-\hat{\sigma}_N u_{\alpha/2}/\sqrt{N},U_\zeta+\hat{\sigma}_N u_{\alpha/2}/\sqrt{N}],\quad(3.3.4.2)$$

式中　$u_{\alpha/2}$——标准正态分布的上 $\alpha/2$ 分位点.

注意到 $P(X<Y)\in(0,1)$. logit 变换 $f(x)=\log\frac{x}{1-x}$ 将（0，1）映射到整个 R 上，因此用变换后的 U 统计量的渐近正态性，可能会得到更好的区间估计，可见文献［85，86］. 基于这个想法，由 $\frac{\sqrt{N}(f(U_\zeta)-f(\zeta))}{f'(U_\zeta)\hat{\sigma}_N}\xrightarrow{d}N(0,1)$ 得 $f(\zeta)$ 的渐近水平为 $1-\alpha$ 的置信区间：

$$\left[f(U_\zeta)-\frac{\hat{\sigma}_N u_{\alpha/2}}{\sqrt{N}U_\zeta(1-U_\zeta)},f(U_\zeta)+\frac{\hat{\sigma}_N u_{\alpha/2}}{\sqrt{N}U_\zeta(1-U_\zeta)}\right].$$

由于 f 是递增函数，基于上面的区间可解得 ζ 的第二个置信区间为：

$$\left[\left(1+\frac{1-U_\zeta}{U_\zeta}\exp\left(\frac{\hat{\sigma}_N u_{\alpha/2}}{\sqrt{N}U_\zeta(1-U_\zeta)}\right)\right)^{-1},\left(1+\frac{1-U_\zeta}{U_\zeta}\exp\left(-\frac{\hat{\sigma}_N u_{\alpha/2}}{\sqrt{N}U_\zeta(1-U_\zeta)}\right)\right)^{-1}\right].\quad(3.3.4.3)$$

另外，可以应用 bootstrap 方法得到 ζ 的置信区间. 这样，就不需要估计渐近方差. 记基于 $X_1,X_2,\cdots,X_m$ 和 $Y_1,Y_2,\cdots,Y_n$ 的经验分布函数分别为 F_m,G_n. $X_1^*,X_2^*,\cdots,X_m^*$ 和 $Y_1^*,Y_2^*,\cdots,$

Y_n^* 分别是从经验分布函数 F_m，G_n 抽取的 bootstrap 样本. 令 U_ζ^* 是 U_ζ 的 bootstrap 版本. 由 bootstrapU 统计量的渐近性质知道，$\sqrt{N}(N_\zeta-\zeta)$ 的分布可由给定样本下 $\sqrt{N}(U_\zeta^*-U_\zeta)$ 的条件分布来近似. 因此，ζ 的渐近水平为 $1-\alpha$ 的第三个置信区间为

$$[U_\zeta-H_\zeta^{-1}(1-\alpha/2),U_\zeta+H_\zeta^{-1}(1-\alpha/2)],\tag{3.3.4.4}$$

式中，H_ζ 为给定样本下 $U_\zeta^*-U_\zeta$ 的条件分布，可以由 Monte Carlo 方法计算.

定义给定样本下 $f(U_\zeta^*)-f(U_\zeta)$ 的条件分布为 G_ζ. 运用 logit 变换和 bootstrap 方法知道，G_ζ 是 $f(U_\zeta^*)-f(U_\zeta)$ 的近似分布. 因此，可得到 ζ 的渐近水平为 $1-\alpha$ 的第四个置信区间：

$$\left[\left(1+\frac{1-U_\zeta}{U_\zeta}\exp(G_\zeta^{-1}(1-\alpha/2))\right)^{-1},\right.$$
$$\left.\left(1+\frac{1-U_\zeta}{U_\zeta}\exp(G_\zeta^{-1}(\alpha/2))\right)^{-1}\right].\tag{3.3.4.5}$$

3.3.4.2　ϕ 和 φ 的推断

本小节讨论 ϕ 和 φ 的推断问题. 首先，考虑 ϕ. 显然，ϕ 的 U 统计量为 $U_\phi=\frac{1}{mn}\sum_{i=1}^{m}\sum_{j=1}^{n}\max(X_i,Y_j)$. 当 $N=m+n\to\infty$，$m/N\to\lambda\in(0,1)$，有

$$\sqrt{N}(U_\phi-\phi)\xrightarrow{d}N\left(0,\frac{\xi_{10}}{\lambda}+\frac{\xi_{01}}{1-\lambda}\right),\tag{3.3.4.6}$$

式中，$\xi_{10}=\mathrm{cov}[\max(X_1,Y_1),\max(X_1,Y_2)]$，$\xi_{01}=\mathrm{cov}[\max(X_1,Y_1),\max(X_2,Y_1)]$. 由 U 统计量的相合性得，

$$\tilde{\xi}_{10}=\frac{1}{m\binom{n}{2}}\sum_{k=i}^{m}\sum_{i<j}\max(X_k,Y_i)\max(X_k,Y_j)-U_\phi^2,$$

$$\hat{\xi}_{01}=\frac{1}{n\binom{m}{2}}\sum_{k=i}^{n}\sum_{i<j}\max(X_i,Y_k)\max(X_j,Y_k)-U_\phi^2$$

是ξ_{10}，ξ_{01}的相合估计. 将$\tilde{\sigma}_N^2=\frac{N\tilde{\xi}_{10}}{m}+\frac{N\tilde{\xi}_{01}}{n}$代入式（3.3.4.6），可以得到

$$\frac{\sqrt{N}(U_\phi-\phi)}{\tilde{\sigma}_N}\xrightarrow{d}N(0,1),$$

那么，

$$[U_\phi-\tilde{\sigma}_N u_{\alpha/2}/\sqrt{N},U_\phi+\tilde{\sigma}_N u_{\alpha/2}/\sqrt{N}] \quad (3.3.4.7)$$

是ϕ的渐近水平为$1-\alpha$的等尾置信区间.

注意到$\phi\in(0,\infty)$，$g(x)=\log x$将R^+映射到R. 有

$$\frac{\sqrt{N}(g(U_\phi)-g(\phi))}{g'(U_\phi)\tilde{\sigma}_N}\xrightarrow{d}N(0,1)$$

可得，ϕ的置信区间为：

$$\left[U_\phi\exp\left(-\frac{\tilde{\sigma}_N u_{\alpha/2}}{\sqrt{N}U_\phi}\right),U_\phi\exp\left(\frac{\tilde{\sigma}_N u_{\alpha/2}}{\sqrt{N}U_\phi}\right)\right] \quad (3.3.4.8)$$

从经验分布中抽取 bootstrap 样本，并令U_ϕ^*为U_ϕ的 bootstrap 版本. 通过使用 bootstrap 方法和 log 变换，可得到关于ϕ的其他两个置信区间：

$$[U_\phi-H_\phi^{-1}(1-\alpha/2),U_\phi-H_\phi^{-1}(\alpha/2)] \quad (3.3.4.9)$$

$$[U_\phi\exp(-G_\phi^{-1}(1-\alpha/2)),U_\phi\exp(-G_\phi^{-1}(\alpha/2))], \quad (3.3.4.10)$$

式中，H_ϕ、G_ϕ 分别为给定样本下 $U_\phi^*-U_\phi$ 与 $g(U_\phi^*)-g(U_\phi)$ 的条件分布.

下面考虑φ的区间估计. φ的 U 统计量为$U_\varphi=\frac{1}{mn}\sum_{i=1}^{m}\sum_{j=1}^{n}\min(X_i,Y_j)$.

令

$$\breve{\xi}_{10}=\frac{1}{m\binom{n}{2}}\sum_{k=1}^{m}\sum_{i<j}\min(X_k,Y_i)\min(X_k,Y_j)-U_\varphi^2,$$

$$\breve{\xi}_{01}=\frac{1}{n\binom{m}{2}}\sum_{k=1}^{n}\sum_{i<j}\min(X_i,Y_k)\min(X_j,Y_k)-U_\varphi^2,$$

$$\breve{\sigma}_N^2 = \frac{N\breve{\xi}_{10}}{m} + \frac{N\breve{\xi}_{01}}{n},$$

可得，φ 的水平为 $1-\alpha$ 的置信区间为：

$$[U_\varphi - \breve{\sigma}_N u_{\alpha/2}/\sqrt{N}, U_\varphi + \breve{\sigma}_N u_{\alpha/2}/\sqrt{N}], \tag{3.3.4.11}$$

$$\left[U_\varphi \exp\left(-\frac{\breve{\sigma}_N u_{\alpha/2},}{\sqrt{N}U_\varphi}\right), U_\varphi \exp\left(\frac{\breve{\sigma}_N u_{\alpha/2}}{\sqrt{N}U_\varphi}\right)\right], \tag{3.3.4.12}$$

$$[U_\varphi - H_\varphi^{-1}(1-\alpha/2), U_\varphi - H_\varphi^{-1}(\alpha/2)], \tag{3.3.4.13}$$

$$[U_\varphi \exp(-G_\varphi^{-1}(1-\alpha/2)), U_\varphi \exp(-G_\varphi^{-1}(\alpha/2))]. \tag{3.3.4.14}$$

3.3.4.3　模拟研究

第 1 小节给出了四个关于 ζ 的置信区间式（3.3.4.2）～式（3.3.4.5）. 希望采用 logit 变换的置信区间式（3.3.4.3）和式（3.3.4.5）有更好的覆盖概率. 这里，给出这些置信区间的模拟结果. 比较的标准是覆盖概率（CP）和平均长度（AL）. 在模拟研究中，取置信水平为 0.95，重复次数为 5000，bootstrap 循环次数为 5000. 对于 ζ，我们考虑了四种总体和四种样本大小. ζ 的真值通过产生 500000 个随机观测值由 Monte Carlo 方法算出. 由于篇幅所限，我们只列出四种总体情况中一种的模拟结果，见表 3.4. 可以看出：

① 置信区间式（3.3.4.2）、式（3.3.4.4）的覆盖概率相对较低；

② 置信区间式（3.3.4.5）有较好的覆盖概率，但区间长度过长；

③ 置信区间式（3.3.4.3）的覆盖概率接近名义水平，并且有相对较短的区间长度.

相同模拟条件下，ϕ 和 φ 的模拟结果分别在表 3.5 和表 3.6 中给出. 从表 3.5 和表 3.6 可以看出：

① 为了得到好的覆盖率，样本量 m，n 需要取得比较大（一般都要大于 50）. 我们也模拟了 m 和 n 均取 80 的情况. 此时，各种方法得到的覆盖率都较接近名义覆盖率.

② 置信区间式（3.3.4.10）和式（3.3.4.14）的表现较好，表明通过 log 变换可以得到更好的置信区间.

ζ 的置信区间比较　　表 3.4

Comparison of confidence intervals of ζ　　Table 3.4

	$m=10$，$n=10$		$m=20$，$n=30$		$m=50$，$n=40$		$m=10$，$n=10$	
	CP	AL	CP	AL	CP	AL	CP	AL
(2)	0.877	0.465	0.922	0.296	0.932	0.255	0.917	0.253
(3)	0.936	0.439	0.942	0.289	0.947	0.250	0.935	0.248
(4)	0.875	0.508	0.930	0.309	0.945	0.259	0.928	0.271
(5)	0.974	0.565	0.979	0.319	0.973	0.264	0.973	0.277

注：$X \sim LogNormal$ (0，1)，$Y \sim LogNormal$ (1，3)，$\xi=0.624$

ϕ 的置信区间比较　　表 3.5

Comparison of confidence intervals of ϕ　　Table 3.5

	$m=10$，$n=10$		$m=20$，$n=30$		$m=50$，$n=40$		$m=10$，$n=50$	
	CP	AL	CP	AL	CP	AL	CP	AL
(7)	0.887	0.246	0.926	0.154	0.937	0.137	0.929	0.117
(8)	0.888	0.246	0.926	0.154	0.939	0.136	0.930	0.117
(9)	0.898	0.257	0.938	0.159	0.961	0.138	0.944	0.124
(10)	0.896	0.257	0.939	0.158	0.959	0.138	0.948	0.124

注：$X \sim LogNormal$ (0，1/4)，$Y \sim LogNormal$ (1，1/12)，$\phi=2.727$

φ 的置信区间比较　　表 3.6

Comparison of confidence intervals of φ　　Table 3.6

	$m=10$，$n=10$		$m=20$，$n=30$		$m=50$，$n=40$		$m=10$，$n=50$	
	CP	AL	CP	AL	CP	AL	CP	AL
(11)	0.838	0.597	0.907	0.401	0.926	0.343	0.902	0.357
(12)	0.865	0.663	0.928	0.417	0.941	0.354	0.921	0.369
(13)	0.821	0.631	0.886	0.422	0.901	0.349	0.900	0.392
(14)	0.910	1.507	0.944	0.499	0.952	0.396	0.947	0.441

注：X～$Gamma$ (1，2)，Y～$Gamma$ (4，3)，$\phi=0.410$

第4章 稳健的广义置信区间

众所周知，在正态假设下传统的统计方法对离群点非常敏感. 在存在离群点时，稳健的统计学家提出了很多方法来处理数据，例如 Huber [96]，Hampel et al. [91]，Maronna，Martin，Yohai [98] 等等. 已有文献给出了许多稳健的点估计，但却很少涉及稳健的区间估计. 构造稳健的置信区间的一个常用方法是基于稳健点估计的渐进正态性. 但这种方法在中、小样本量下表现得并不好. 量化一个估计的稳健性的重要指标是样本的崩溃点（Donoho [87]. 崩溃值是用来测量对估计产生较大影响的污染的最小量. He，Simpson，Portnoy [95] 通过定义检验统计量的崩溃函数将崩溃性质推广到了假设检验中，可以看出无法用这种方法来定义区间估计的崩溃性质. 本章主要讨论稳健的区间估计.

4.1 置信区间的崩溃值

首先，我们先给出一些基本的定义和标记. $\mathbb{R}^p$ 表示 p 维欧式空间. 对一维累积分布函数 F，其 q-分位点定义为 $F^{-1}(q)=\inf\{x\in\mathbb{R}: F(x)>q\}, q\in[0, 1]$.

假设数据集 χ 来自概率模型 $\{P_\xi: \xi\in\Xi\}$，其中 ξ 是有限维或无限维空间 Ξ 的未知参数. 我们给出下面的定义

定义 4.1.1 我们称 $\mathbb{R}^p$ 中的变量 R 为置信分布变量（CDV），如果在给定 χ 的条件下，R 的条件分布与参数 ξ 无关.

给定数据集 χ，置信分布变量的分布是已知且可计算的，比如，它的分位点可以通过蒙特卡洛方法来计算. 除了广义枢轴

量，置信分布变量还囊括了 bootstrapped 统计量，广义 bootstrap 变量（Xiong [103]），具有贝叶斯后验分布或置信分布的随机变量.

对一维的置信分布变量 R，定义由 R 产生的区间族为

$$I_R = \{[F_R^{-1}(\alpha_1 \mid \chi), F_R^{-1}(1-\alpha_2 \mid \chi)]: \alpha_1, \alpha_2 \geqslant 0, \alpha_1 + \alpha_2 < 1\}, \tag{4.1.1}$$

其中，$F_R(\cdot \mid \chi)$ 表示给定 χ 下 R 的条件分布函数. 显然，I_R 由 R 唯一决定. 下面，我们假设 $F_R(\cdot \mid \chi)$ 有共同的支撑，即参数 $\theta=\theta(\xi)\in\mathbb{R}$ 的取值范围. 因此，I_R 给出了在 R 的频率条件下 θ 的置信区间（Xiong，Mu [58]；Xie，Singh [102]. 另一方面，几乎所有的（$1-\alpha_1-\alpha_2$）置信区间都有下面这种形式：

$$[\lambda(\alpha_1 \mid \chi), \lambda(1-\alpha_2 \mid \chi)], \tag{4.1.2}$$

其中，$\lambda(\cdot|\chi)$ 在 [0，1] 上是严格递增的. 令 U 是独立于 χ 的随机变量，且服从 [0，1] 上的均匀分布. 显然，

$$R = \lambda(U \mid x)$$

是一个生成式（4.1.2）的置信分布变量，i.e.，

$$I_R = \{[\lambda(\alpha_1 \mid \chi), \lambda(1-\alpha_2 \mid \chi)]: \alpha_1, \alpha_2 \geqslant 0, \alpha_1 + \alpha_2 < 1\}.$$

因此，我们可以通过 R 来研究 I_R 的崩溃性质.

我们知道，崩溃点有两个定义：一个是有限样本的崩溃点；另一个是渐进崩溃点. 渐进崩溃点可以看成有限样本崩溃点的总体形式（Maronna，Martin，Yohai [98]）. 本章只研究有限样本崩溃点. 令 χ^* 为所有可能的污染数据集，χ^* 是通过将任意 m 个原始观测值替换成任意值来提到. 我们考虑 I_R 不能同时满足位置和长度的情况. 类似于点估计崩溃值的定义（Hubert，Rousseeuw，Van，Aelst [97]），下面的定义只考虑置信分布变量的支撑集是无界的情况.

定义 4.1.2 定义一维置信分布变量 R 的崩溃值为

$$\varepsilon^*(R) = \min\left\{\frac{m}{n}: \inf_{\chi^*} F_R(K \mid \chi^*)\right.$$

$$= 1 - \sup_{\chi^*} F_R(K \mid \chi^*) = 0 \text{ 对任意给定的 } K,$$

$$\text{或者 } \sup_{\chi^*}[F_R^{-1}(q_1 \mid \chi^*) - F_R^{-1}(q_2 \mid \chi^*)]$$

$$= \infty \text{ 对某个 } 0 < q_2 < q_1 < 1 \Big\} \quad (4.1.3)$$

对 p-维的置信分布变量 $R=(R_1,\cdots,R_p)'$，定义它的崩溃值为

$$\varepsilon^*(R) = \min\{\varepsilon^*(R_1),\cdots,\varepsilon^*(R_p)\}. \quad (4.1.4)$$

根据等式（4.1.3），如果区间位置的稳定性或者式（4.1.1）的置信区间类中的区间长度崩溃，我们则称 R 崩溃. 假设对任意的 K，$\inf_{\chi^*} F_R(K|\chi^*)=1-\sup_{\chi^*} F_R(K|\chi^*)=0$，$F_R(\cdot|\chi^*)$ 是严格增的. 则有对任意的 θ，$\inf_{\chi^*} \mathrm{P}(\theta\in[F_R^{-1}(\alpha_1\mid\chi^*), F_R^{-1}(1-\alpha_2|\chi^*)]=\inf_{\chi^*}\mathrm{P}(\alpha_1\leqslant F_R(\theta|\chi^*)\leqslant 1-\alpha_2)=0$. 其中，$\alpha_1$，$\alpha_2\geqslant 0$，$\alpha_1+\alpha_2<1$. 这表明，式（4.1.1）中的区间估计类的位置崩溃，若 $\sup_{\chi^*}[F_R^{-1}(q_1\mid\chi^*)-F_R^{-1}(q_2\mid\chi^*)]=\infty$ 对某个 $0<q_2<q_1<1$，则表示式（4.1.1）中的某些区间的区间长度崩溃.

定义 4.1.3　由 R 产生的式（4.1.1）中的区间类 I_P 的崩溃值，我们称为 R 的崩溃值，即 $\varepsilon^*(I_R)=\varepsilon^*(R)$.

需要指出的是，定义 4.1.3 给出了一类区间估计崩溃值的定义，而不是某个区间估计. 它们的区别，将在例 4.1.5 中阐明.

例 4.1.1　令 $X_1,\cdots,X_n$ 是来自 $N(\mu,1)$ 的独立同分布的样本，μ 的标准的 $(1-\alpha)z$ 的置信区间为 $I(\alpha)=[\bar{X}-\Phi^{-1}(\alpha_1)/\sqrt{n},\bar{X}+\Phi^{-1}(1-\alpha_2)/\sqrt{n}]$. 其中，$\bar{X}$ 是样本均值，Φ 是标准正态分布的分布函数，α_1，$\alpha_2\geqslant 0$，$\alpha_1+\alpha_2=\alpha$. 置信区间类 $\{I(\alpha):\alpha\in(0,1)\}$ 由置信分布变量 $R=\bar{X}-E/\sqrt{n}$ 产生. 其中，$E\sim N(0,1)$ 独立于 χ. 如果 X_1 趋于无穷，R 可以任意地大. 这意味着

$$\lim_{X_1\to\infty} F_R(K\mid\chi^*) = 1 - \lim_{X_1\to\infty} F_R(K\mid\chi^*)] = 0$$

对任意的 K，其中 χ^* 可以通过将 X_1 替换成任意点来得到. 由式（4.1.3），$\varepsilon^*(R)=1/n$，与 $\bar{X}$ 有相同的崩溃值.

例 4.1.2 令 $X_1,\cdots,X_n$ 是来自 $N(\mu,\ \sigma^2)$ 的独立同分布的样本. μ 的标准的 $(1-\alpha)t$ 置信区间为 $[\bar{X}-St_{n-1}^{-1}(\alpha_1)/\sqrt{n},\ \bar{X}+St_{n-1}^{-1}(1-\alpha_2)/\sqrt{n}]$. 其中，$S$ 是样本标准差，t_{n-1} 是自由度为 $n-1$ 的 t 分布，α_1，$\alpha_2\geqslant 0$，$\alpha_1+\alpha_2=\alpha$. 这些置信区间由 $R=\bar{X}-SE/\sqrt{n}$ 产生. 其中，$E\sim t_{n-1}$ 独立于 χ. 如果 X_1 趋于无穷，S 可以任意大. 这意味着

$$\lim_{X_1\to\infty}[F_R^{-1}(q_1\mid\chi^*)-F_R^{-1}(q_2\mid\chi^*)]=\infty$$

对任意的 $0<q_2<q_1<1$，$\varepsilon^*(R)=1/n$，与 S 有相同的崩溃值.

例 4.1.3 令 $X_1,\cdots,X_n$ 是来自 $N(\mu,\ 1)$ 的独立同分布的样本，考虑 μ 的贝叶斯区间估计，对给定的 μ 的先验分布 $N(a,\ b^2)$，后验分布为 $N(\mu_x,\ \sigma_x^2)$. 其中，$\mu_x=(n\bar{X}+b^2a)/(n+b^{-2})$，$\sigma_x^2=(n+b^{-2})^{-1}$(可参见 Gelman et al. [69] . 很容易发现具有这种条件分布的置信分布变量的崩溃值为 $1/n$. μ 的贝叶斯置信分布类的崩溃值也是 $1/n$.

例 4.1.4 令 $X_1,\cdots,X_n$ 是来自 $N(\mu,\ 1)$ 的独立同分布的样本，考虑样本中位数

$$\text{med}_n=\text{med}\{X_1,\cdots,X_n\}=\begin{cases}X_{(m)}, & n=2m-1,\\(X_{(m)}+X_{(m+1)})/2, & n=2m,\end{cases}\tag{4.1.5}$$

其中，$X_{(1)}\leqslant\cdots\leqslant X_{(n)}$ 为次序统计量. 如果 n 很大，$\sqrt{n}(\text{med}_n-\mu)$ 的分布可以由 $N(0,\ \pi/2)$ 近似替代. 这样，可以得到 μ 的 $(1-\alpha)$ 大样本置信区间 $[\text{med}_n-\sqrt{\pi}\Phi^{-1}(\alpha_1)/\sqrt{2n},\text{med}_n+\sqrt{\pi}\Phi^{-1}(1-\alpha_2)/\sqrt{2n}]$. 其中，$\alpha_1$，$\alpha_2\geqslant 0$，$\alpha_1+\alpha_2=1$. 这个置信区间对应于置信分布变量 $R=\text{med}_n-\sqrt{\pi}E/\sqrt{2n}$. 其中，$E\sim N(0,\ 1)$ 独立于 χ. 注意，区间长度不依赖于 med_n. 对定义 4.1.2 中的任何的 K，只需要考虑 $F_R(K\mid\chi^*)$ 就足够了. 由于 $F_R(K\mid\chi^*)$ 趋于 0 或 1 当且仅当 med_n 趋于无穷，R 的崩溃值为 $\lceil n/2\rceil/n$，与 med_n 的崩溃值相同. 其中，$\lceil\cdot\rceil$ 表示上限函数.

例4.1.5 令$X_1,\cdots,X_n$是来自具有中位数μ的一维分布H的独立同分布样本. 记$X_1,\cdots,X_n$的经验分布为H_n. 假设*bootstrap*样本$X_1^*,\cdots,X_n^*$独立同分布且服从的分布为H_n. 我们可以得到，置信分布变量$R=\text{med}\{X_1^*,\cdots,X_n^*\}$. μ的*Bootstrap*置信区间可以通过计算式（4.1.1）中R的分布的分位点来得到（参见*Shao*，*Tu*[99]）. 令X_1趋于无穷，由于R在$\text{med}\{X_1,\cdots,X_n\}=X_1$上有正概率. $F_R^{-1}(q_1|\chi^*)-F_R^{-1}(q_2|\chi^*)$对某个$0<q_2<q_1<1$可以任意大，因此$\varepsilon^*(R)=1/n$. 需要指出的是，这个结果只说明由$R$得的*bootstrap*区间类的崩溃值比较低. 对具体的α_1和α_2，*bootstrap*区间往往有更高的崩溃值，因为对大的n，$P(R=X_1)$是比较小的. 比如，令X_1，X_2趋于无穷而X_i是固定的，我们有$P(R\in[\min\{X_3,\cdots,X_n\},\ \max\{X_3,\cdots,X_n\}])\geqslant 1-2^n/n^n$. 我们考虑$(q_1-q_2)$置信区间$[F_R^{-1}(q_2|\chi^*),\ F_R^{-1}(q_1|\chi^*)]$，只要$\min\{q_2,\ 1-q_1\}>1-2^n/n^n$，这个区间的长度就是有限的. 对$n\geqslant 5$，$2^n/n^n<0.02$. 因此，95%置信区间$[F_R^{-1}(0.025|\chi^*),\ F_R^{-1}(0.975|\chi^*)]$不会崩溃，只要$X_1$，$X_2$都趋于无穷. 从这个例子我们可以看出，置信区间类和具体某个置信区间崩溃值性质的区别.

假设R是具有形式$R=R(\hat{\theta},\ E)$的置信分布变量. 其中，$\hat{\theta}$是统计量，E是独立于χ^*的随机变量. 在许多情况下，$\varepsilon^*(R)$与$\hat{\theta}$有相同的崩溃值[如式（4.1.1）、式（4.1.2）、式（4.1.4）]. 这说明，基于高崩溃点估计渐进正态性的传统稳健置信区间也可以有高崩溃值. 下面，我们来构造其他的高崩溃置信区间，以提高传统方法的有限样本表现.

4.2 位置尺度族的高崩溃置信区间

4.2.1 结构性方法中的置信分布变量

假设$X_1,\cdots,X_n$是来自密度函数为

$$f(x)=\frac{1}{\sigma}f_0\left(\frac{x-\mu}{\sigma}\right), \tag{4.2.1}$$

的位置尺度模型的独立同分布样本. 其中，f_0 为已知密度，μ 是位置参数，$\sigma>0$ 是尺度参数. 在这个模型下，μ 和 σ 的各种广义枢轴量都可以构造（参见 Hannig，Iyer，Patterson，[94]）. 我们可以从中选择具有高崩溃值的方法，来构造稳健的置信区间.

令 $\hat{\mu}=\hat{\mu}(X_1,\cdots,X_n)$ 是 μ 的具有位置不变性的估计，即

$$\hat{\mu}(X_1+c,\cdots,X_n+c)=\hat{\mu}(X_1,\cdots,X_n)+c \tag{4.2.2}$$

对任意常数 c，这样的估计有样本均值、样本中位数等，大部分都是 M-估计（Huber [96]）. 令 $\hat{\sigma}=\hat{\sigma}(X_1,\cdots,X_n)$ 是 σ 的具有位置不变性和尺度不变性的估计，即

$$\hat{\sigma}(X_1+c,\cdots,X_n+c)=\hat{\sigma}(X_1,\cdots,X_n)$$

$$\hat{\sigma}(cX_1,\cdots,cX_n)=|c|\hat{\sigma}(X_1,\cdots,X_n) \tag{4.2.3}$$

对任意的常数 c，这样的估计有样本标准差、均值绝对差、中位数绝对差等.

对 $i=1,\cdots,n,X_i$ 可以写成 $X_i=\mu+\sigma Z_i$. 其中，$Z_1,\cdots,Z_n$ 是来自已知密度为 f_0 的独立同分布样本. 由式（4.2.2）和式（4.2.3），

$$\frac{\hat{\mu}-\mu}{\sigma}=\hat{\mu}(Z_1,\cdots,Z_n),\quad \frac{\hat{\sigma}}{\sigma}=\hat{\sigma}(Z_1,\cdots,Z_n). \tag{4.2.4}$$

注意，$\hat{\mu}(Z_1,\cdots,Z_n)$ 和 $\hat{\sigma}(Z_1,\cdots,Z_n)$ 的联合密度是已知的. 令（E_1，E_2）有相同的分布且为独立的样本. 由式（4.2.4），我们有枢轴方程

$$\frac{\hat{\mu}-\mu}{\sigma}=E_1,\quad \frac{\hat{\sigma}}{\sigma}=E_2,$$

由此，可以得到 μ 和 σ 的广义枢轴量（Hannig，Iyer，Patterson [94]），

$$R_\mu=\hat{\mu}-\hat{\sigma}\frac{E_1}{E_2},\quad R_\sigma=\frac{\hat{\sigma}}{E_2}. \tag{4.2.5}$$

因此，兴趣参数 $\theta=\theta(\mu,\sigma)\in\mathbb{R}$ 的广义枢轴量为

$$R_\theta=\theta(R_\mu,R_\sigma)=\theta(\hat{\mu}-\hat{\sigma}E_1/E_2,\hat{\sigma}/E_2). \tag{4.2.6}$$

记给定样本下的 R_θ 的条件分布为 $F(\cdot\mid\hat{\mu},\hat{\sigma})$. 令 $\alpha\in(0,1)$，可以给出 θ 的等尾 $1-\alpha$ 广义置信区间

$$[F^{-1}(\alpha/2\mid\hat{\mu},\hat{\sigma}),\quad F^{-1}(1-\alpha/2\mid\hat{\mu},\hat{\sigma})]. \tag{4.2.7}$$

一般情况下，这些广义枢轴量为渐进广义枢轴量（Xiong，Mu [104]）. 也就是说，从这些广义枢轴量得到的置信区间是渐进正确的. 即当 n 趋于无穷时，置信区间的覆盖概率趋于 $1-\alpha$（Hannig，Iyer，Patterson [94]）.

基于广义枢轴量的广义置信区间，可以推广到多样本情况. 例如，考虑 Behrens-Fisher 问题. 令 $X_1,X_2,\cdots,X_m$ 是来自位置参数为 μ_1、尺度参数为 σ_2 的位置尺度模型的独立同分布样本. $Y_1,Y_2,\cdots,Y_n$ 是来自另一个位置参数为 μ_2、尺度参数为 σ_2 的位置尺度模型的独立同分布样本. 假设所有的样本都是独立的，我们可以各自构造出 μ_1，μ_2 的广义枢轴量 R_{μ_1}，R_{μ_2}. $\theta=\mu_1-\mu_2$ 广义枢轴量为

$$R_\theta = R_{\mu_1} - R_{\mu_2}. \tag{4.2.8}$$

满足式（4.2.2）和式（4.2.3）的 $\hat{\mu}$ 与 $\hat{\sigma}$ 的选择是灵活的. 当将它们设为样本均值和样本标准差时，上面的方法就是标准的信仰推断方法. 如果数据中含离群点，有好的稳健性质的估计更受欢迎. μ 和 σ 的好的稳健估计，包括样本中位数与中位数绝对差（参见 Maronna，Martin，Yohai [98]）.

4.2.2　正态模型中渐进构造方法的置信分布变量

我们考虑式（4.2.1）中最重要的位置尺度族 f_0 为标准正态分布 $N(0,1)$ 的密度函数. 我们重点关注样本中位数（med）和样本中位数绝对差（MAD），因为它们具有好的崩溃点性质和稳健性质. 再者，因为在正态假设下它们是渐进独立的，这个性质可以用来构造渐进广义枢轴量.

给定样本 $X_1,\cdots,X_n$，med_n 如式（4.1.5）定义. MAD 的样本形式定义为

$$\text{MAD}_n = \text{med}\{\mid X_1 - \text{med}_n\mid,\cdots,\mid X_n - \text{med}_n\mid\}.$$

我们也定义标准化的 MAD（MADN）为

$$\mathrm{MADN}_n = \mathrm{MAD}_n/\Phi^{-1}(3/4).$$

对正态模型 $N(\mu, \sigma^2)$，med_n 和 MADN_n 是渐进独立的，具有渐进正态性（Falk［89］）

$$\sqrt{n}(\mathrm{med}_n - \mu) \to_d N(0, \pi\sigma^2/2), \quad \sqrt{n}(\mathrm{MADN}_n - \sigma) \to_d N(0, \gamma\sigma^2), \tag{4.2.9}$$

其中，“$\to_d$” 表示“依分布收敛”，

$$\gamma = \frac{\pi}{8[\Phi^{-1}(3/4)]^2\exp(-[\Phi^{-1}(3/4)]^2)}. \tag{4.2.10}$$

由式（4.2.9），我们有

$$\frac{\sqrt{2n}}{\sqrt{\pi}\sigma}(\mathrm{med}_n - \mu) \to_d N(0,1), \quad \frac{\sqrt{n}}{\sqrt{\gamma}}\log\frac{\mathrm{MADN}_n}{\sigma} \to_d N(0,1).$$

根据 Xiong，Mu［104］的渐进构造方法，可以给出 μ 和 σ 的渐进广义枢轴量

$$R_\mu = \mathrm{med}_n - \frac{\sqrt{\pi}\mathrm{MADN}_n}{\sqrt{2n}}E_1\exp\left(-\frac{\gamma}{\sqrt{n}}E_2\right),$$

$$R_\sigma = \mathrm{MADN}_n\exp\left(-\frac{\gamma}{\sqrt{n}}E_2\right), \tag{4.2.11}$$

其中，$E_1 \sim N(0, 1)$，$E_2 \sim N(0, 1)$ 是独立的且独立于样本. 因此，兴趣参数 $\theta=\theta(\mu, \sigma) \in \mathbb{R}$ 的广义枢轴量为

$$R_\theta = \theta(R_\mu, R_\sigma) = \theta\left(\mathrm{med}_n - \frac{\sqrt{\pi}\mathrm{MADN}_n}{\sqrt{2n}}E_1\exp\left(-\frac{\gamma}{\sqrt{n}}E_2\right), \mathrm{MADN}_n\exp\left(-\frac{\gamma}{\sqrt{n}}E_2\right)\right). \tag{4.2.12}$$

类似于式（4.2.7），θ 的置信区间可以由给定样本下 R_θ 的条件分布的分位数给出，并且这个区间是渐进正确的. 这种方法可以推广到多样本问题中，如 Behrens-Fisher 问题.

4.2.3 高崩溃同时置信区间

高维广义枢轴量可以用来构造同时置信区间（Hannig,

Abdel-Karim，Iyer［93］）．这种方法在 Xiong，Mu［105］也有过讨论．这种方法的关键点是用 FGPQs 来近似 bootstrap 枢轴量的分布．受此影响，Xiong［103］介绍了广义 bootstrap 变量（GBVs）的定义，并给出了基于 GBVs 构造渐进正确的置信域的一般方法．在这里，我们基于置信分布变量（CDVs）给出两两正态均值差的稳健同时置信区间．

令 $X_{i1},\cdots,X_{in_i}$ 是来自 $N(\mu_i,\ \sigma_i^2)$，$i=1,\cdots,m$ 的随机变量．假设所有的 X_{ik} 是独立的，$i=1,\cdots,m,k=1,\cdots,n_i$，记 $n=\sum_{i=1}^{m}n_i$，兴趣参数是 $\mu_i-\mu_j$，对所有的 $i<j$，记第 i 个样本的 med 和 MADN 的样本形式为 $\text{med}_n^{(i)}$ 和 $\text{MADN}_n^{(i)}$．对 $i<j$，$[(\text{med}_n^{(i)}-\text{med}_n^{(j)}-(\mu_i-\mu_j)]$ 的渐进方差为 $\pi(\sigma_i^2/n_i+\sigma_j^2/n_j)/2$，其可估为 $\pi[(\text{MADN}_n^{(i)})^2/n_i+(\text{MADN}_n^{(j)})^2/n_j]/2$．我们需要知道，下面枢轴量的近似分布

$$\max_{i<j}\left|\frac{(\text{med}_n^{(i)}-\text{med}_n^{(j)})-(\mu_i-\mu_j)}{[(\text{MADN}_n^{(i)})^2/n_i+(\text{MADN}_n^{(j)})^2/n_j]^{1/2}}\right|.$$

它可以由给定数据下，下面枢轴量的条件分布近似

$$\max_{i<j}\left|\frac{(R_{\mu_i}-R_{\mu_j})-(\text{med}_n^{(i)}-\text{med}_n^{(j)})}{(R_{\sigma_i}^2/n_i+R_{\sigma_j}^2/n_j)^{1/2}}\right| \tag{4.2.13}$$

其中，（$R_{\mu_1},\cdots,R_{\mu_m},R_{\sigma_1},\cdots,R_{\sigma_m}$）是（$\mu_1,\cdots,\mu_m,\sigma_1,\cdots,\sigma_m$）的 GBV．这里，（$R_{\mu_i},R_{\sigma_i}$）具有式（4.2.5）或式（4.2.11）的形式，对 $i=1,\cdots,m$，所有这些置信分布变量组成了一个具有高崩溃点的高维置信分布变量．记式（4.2.13）的上 α 分位点为 $q(\gamma)$．我们可以得到，两两差的双边同时置信区间：

$$\mu_i-\mu_j\in\text{med}_n^{(i)}-\text{med}_n^{(j)}\pm q(\alpha)[(\text{MADN}_n^{(i)})^2/n_i+(\text{MADN}_n^{(j)})^2/n_j]^{1/2},\forall i<j \tag{4.2.14}$$

4.3 模拟研究

4.3.1 离群点的影响

在例 4.1.1 和例 4.1.2 可以看出，传统的 z 和 t 置信区间的崩溃

值为 $1/n$. 也就是说，一个离群点就可以使置信区间的表现非常差. 在模拟中，我们首先展示这两种置信区间对一个离群点的敏感度.

$X_1 \cdots, X_{n-1}$ 是来自 $N(0, 1)$ 的独立同分布样本点，离群点是 $X_n = x$. 固定 $n=20$，x：$x=0, 5, 10, \cdots, 50$. 除了 z 和 t 置信区间，我们将基于 med_n 的渐近正态稳健置信区间也做为比较对象. 在我们的模拟研究中，置信水平 $1-\alpha$ 是 0.95，获得覆盖概率和区间平均长度的重复次数是 10000 次.

图 4.1 和图 4.2 给出了 z 和 t 置信区间. 两个不同的崩溃机制与例 4.1.1 和例 4.1.2 的分析是一致的. 当 X_n 增加时，z 置信区间的覆盖率迅速降低，而 t 置信区间变得越来越保守. 这些结论说明，即使只有一个离群点，传统的区间估计方法的表现也会很差.

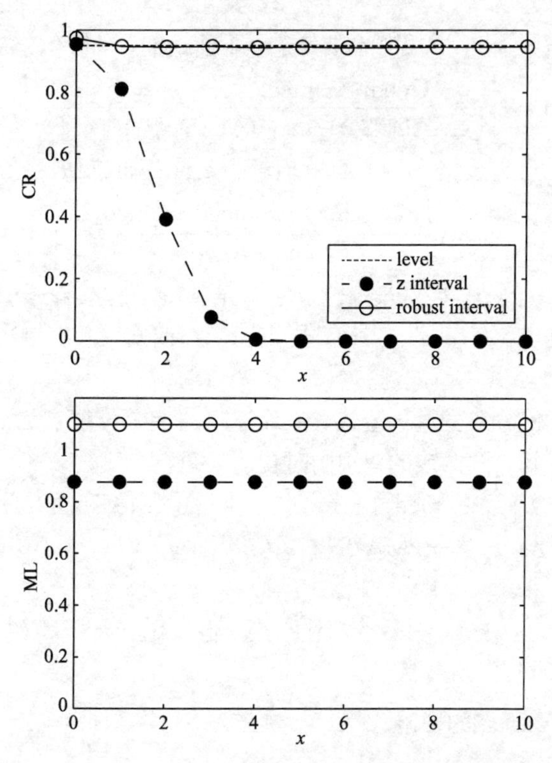

图 4.1　一个观测值变化时 z 置信区间的表现

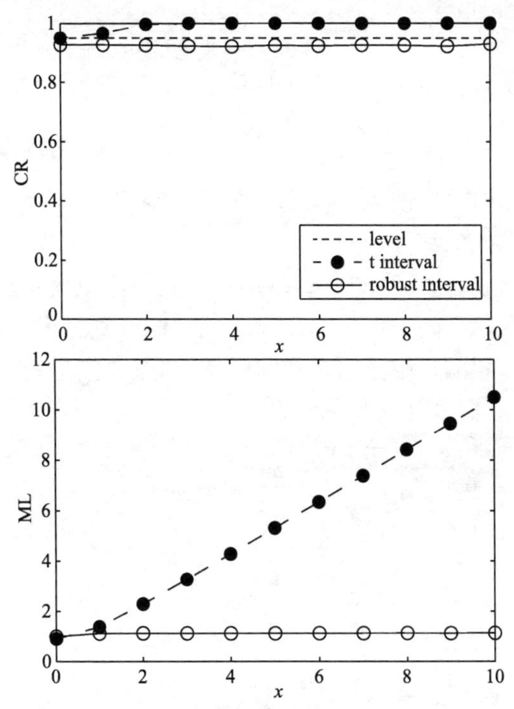

图 4.2　一个观测值变化时 t 置信区间的表现

4.3.2　信噪比

本章的兴趣参数是信噪比（SNR）

$$\theta = \mu/\sigma,$$

其中，μ 和 σ 是正态参数．基于独立同分布的数据，可以用 Hannig，Iyer，Patterson［94］的结构方程方法构造广义置信区间．我们将这种置信区间记为非稳健区间（NRI）．

θ 的传统的稳健置信区间是基于 θ 的一个稳健点估计的渐进正态性得到的．这里，我们用 $\hat{\theta}=\mathrm{med}_n/\mathrm{MADN}_n$．由式（4.2.9）和 delta 方法，

$$\frac{\sqrt{n}(\hat{\theta}-\theta)}{\sqrt{\hat{\tau}}} \to_d N(0,1), \tag{4.3.1}$$

其中 $\hat{\tau}=\pi/2+\gamma\hat{\theta}^2$，$\gamma$ 在式（4.2.10）给出．式（4.3.1）是一个置信分布变量（事实上，是 θ 的渐进广义枢轴量）

$$R_\theta = \hat{\theta} - \sqrt{\hat{\tau}}E/\sqrt{n},$$

其中 $E\sim N(0,1)$ 独立于数据．这个置信分布变量有与 med_n 和 MADNn 相同的崩溃点．我们记相应的置信区间为 RI-AN（基于渐进正态性的稳健区间）．

由式（4.2.6）和式（4.2.12）中置信分布变量产生的 θ 的另外两个置信区间，也一起比较．记它们分别为 RI-ESE（基于精确结构方程的稳健区间）和 RI-ASE（基于渐进结构方程的稳健区间）．它们也都具有高崩溃点．

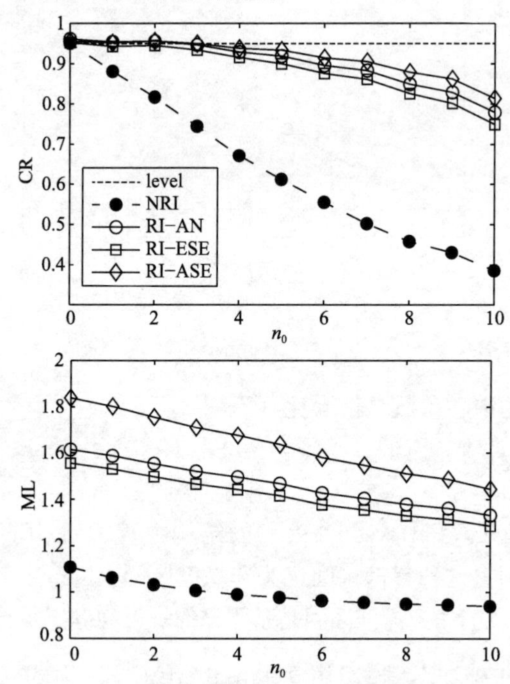

图 4.3　对不同的 n_0，四种 SNR 置信区间的比较

从模拟结果我们可以看出，随着 n_0 的增加，NRI 的覆盖率快速降低，而且对非零的 n_0 比其他三种稳健的区间都低得多．在其他三种稳健区间中，RI-ASE 具有最长的区间长队，也有最好的覆盖率．

4.3.3 Berhens-Fisher 问题

现在，我们考虑 Berhens-Fisher 问题，即 $\theta=\mu_1-\mu_2$ 的区间估计. 其中，μ_1 和 μ_2(σ_1 和 σ_2 未知）是两个独立的正态总体的均值，参见 4.2.1. 类似于前面的章节，比较四种置信区间. 这里，NRI 基于 Hannig，Iyer，Patterson［94］中广义枢轴量的置信区间. 这个区间事实上就是信仰区间. 令 $\hat{\theta}=\mathrm{med}_m^{(1)}-\mathrm{med}_n^{(2)}$. RI-AN 可以由下式构造

$$\frac{\sqrt{2mn}(\hat{\theta}-\theta)}{\sqrt{\hat{\tau}}}\sim_d N(0,1),$$

其中，$\hat{\tau}=\pi[n(\mathrm{MADN}_m^{(1)})^2+m(\mathrm{MADN}_n^{(2)})^2]$. RI-ESE 可以由式（4.2.8）的置信分布变量给出，可以用同样的方法基于式（4.2.11）中的置信分布变量给出 RI-ASE.

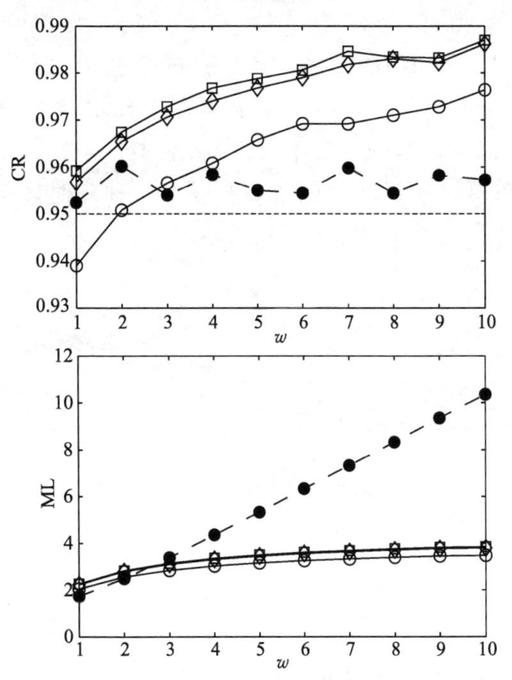

图 4.4　四种 Berhens-Fisher 问题置信区间的比较

可以看出，NRI 对不同的 w 都保持了好的表现. 但是，对大的 w 区间，平均长度要长. 随着 w 的增加，稳健区间的平均长度并没有快速增加. 但是，稳健区间看起来还是稍微保守一些，因为它们有更高的覆盖率.

4.3.4 同时置信区间

本节考虑多正态均值两两差的同时置信区间，参见 4.2.3. 我们比较三种方法. 第一种方法是 Xiong，Mu [105] 中不稳健和广义枢轴量方法“F2”. 我们也把它记为 NRI. 两类基于式（4.2.5）和式（4.2.11）中的置信分布变量的稳健同时置信区间记为 RI-ESE 和 RI-ASE.

在模拟研究中，共有四种独立的正态总体参数为 $(\mu_1, \mu_2, \mu_3, \mu_4)=(0, 1, 2, 3)(\sigma_1, \sigma_2, \sigma_3, \sigma_4)=(1.5, 1, 2, 2.5)$. 样本大小为 $(n_1, n_2, n_3, n_4)=(15, 20, 25, 25)$，水平为 $1-\alpha=0.95$. 在四种样本中，离群点的个数为 $(n_{01}, n_{02}, n_{03}, n_{04})=(5, 5, 10, 5)$，在第 i 个样本中离群点产生于 $N(\mu_i, \omega^2\sigma_i^2)$，$i=1, 2, 3, 4$，其中 ω 从 1 增加到 10. MonteCarlo 样本大小和重复次数与前面的章节相同. 三种同时置信区间的覆盖率和区间平均长度在图 4.5 中展示.

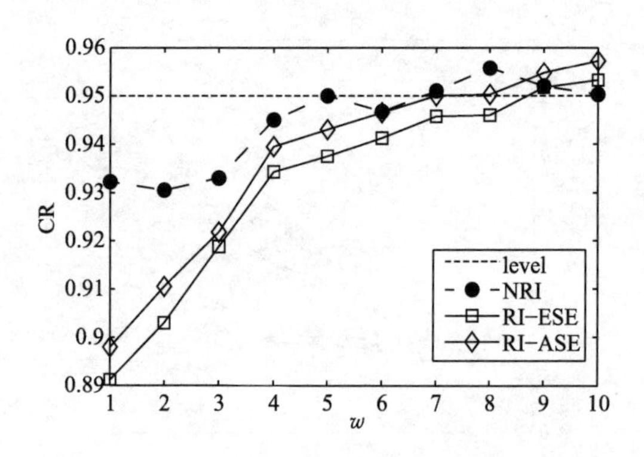

图 4.5　三类同时置信区间的比较（一）

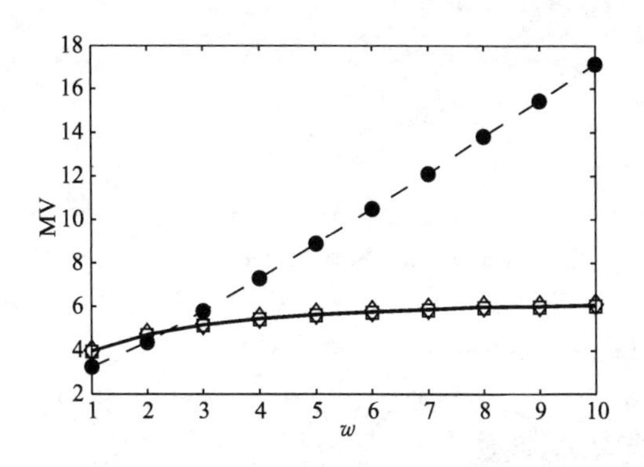

图 4.5　三类同时置信区间的比较（二）

我们发现，模拟结果与之前的章节非常相似，NRI 的覆盖率比 RI-ESE 和 RI-ASE 好．但随着 w 的增加，越来越保守．这是合理的，因为对所有的 $\mu_i-\mu_j$ 的同时置信区间，可以看做是 Berhens-Fisher 问题在多维样本中的推广．

4.4 总　　结

本章给出了置信区间崩溃性质的定义，它包括了覆盖率和区间长度的崩溃值．在位置尺度族中，利用结构性方法构造了高崩溃置信区间．在两个或多总体正态均值差的非稳健广义枢轴量区间，可以看出传统 t 置信区间的推广．由模拟结果可以看出，当污染不是很严重时，它的表现还是可以的．而本章给出的稳健的置信区间，可以提高传统方法，但覆盖率低（参见 4.3.2），区间长（参见 4.3.3 和 4.3.4）还是并不令人满意．继续寻找小样本下的更有效的稳健置信区间，仍是将来需要研究的课题．

参 考 文 献

[1] Tsui K. W., Weerahandi S., Generalized p -values in significance testing of hypotheses in the presence of nuisance parameters, J. Amer. Statist. Assoc., 84 (1989) 602-607.

[2] Weerahandi, S., Generalized confidence intervals. J Amer Statist Assoc 88 (1993) 899-905.

[3] Gamage, J., Weerahandi, S., Size performance of some tests in one-way ANOVA, Communication in Statistics-Simulation and Computation, 27 (1998) 625-640.

[4] Weerahandi, S., ANOVA under unequal error variances, Biometrics, 51 (1995) 589-599.

[5] Ananda M. M. A., Weerahandi S., Two-way ANOVA with unequal cell frequencies and unequal variances. Statistica Sinica, 7 (1997) 631-646.

[6] Bao, P. Ananda, M. M. A., Performance of two-way ANOVA procedures when cell frequencies and variances are unequal, Communication in Statistics-Simulation and Computation, 30 (2001) 805-829.

[7] Fujikoshi, Y., Two-way ANOVA models with unbalance data, Discrete Mathematics, 116 (1993) 315-334.

[8] Burdick, R. K., Quiroz, J., Iyer, H. K., The present status of confidence interval estimation for one-factor random models, Journal of Statistical of Planning and Inference, 136 (2006) 4307-4325.

[9] Li, X., Li, G., Confidence intervals on sum of variance components with unbalanced designs, Communication in Statistics-Theory and Method, 34 (2005) 833-845.

[10] Thomas, J. D., Hultquist, R. A., Interval estimation for the unbalanced case of the one-way random effects model, Ann. Statist., 84 (1989) 602-607.

[11] Lyles, R., Kupper, L., Rappaport, S., Assessing regulartory compliance of occupational exposures via the balanced one-way random effects

ANOVA model, J. Agri. Biol. Environ. Statist, 2 (1997a) 64-86.
[12] Lyles, R., Kupper, L., Rappaport, S., A lognormal distribution based exposure assessment method for unbalanced data, Ann. Occup. Hyp, 41 (1997b) 63-76.
[13] Burch, B. D., Generalized confidence intervals for proportions of total variance in mixed linear models, Journal of Statistical of Planning and Inference, 137 (2007) 2394-2404.
[14] Chi, E. M., Weerahandi, S., Comparing treatments under growth curve models: Exact tests using generalized p-value, Journal of Statistical of Planning and Inference, 71 (1998) 179-189.
[15] Ho, Y. Y., Weerahandi, S., Analysis of repeated measures under unequal variances. J. Multivariate Anal. 98 (2007) 493-504.
[16] Li, X., Xu, X., Li, G., A Fiducial Argument for Generalized p-value, Science in China Series A: Mathematics 50 (2007).
[17] Weerahandi, S., Berger, Exact inference for growth curves with intraclass correlation structure, Biometrics, 55 (1999) 921-924.
[18] Weerahandi, S., Testing variance components in mixed models with generalized p-values, Journal of the American Statistical Association, 86 (1991) 151-153.
[19] Zhou, L., Mathew, T., Some tests for variance components using generalized p values, Technometrics, 36 (1994) 394-402.
[20] Ananda, M., Confidence intervals for steady state availability of a system with exponential operating time and lognormal repair time, Appl. Math. Comput. 137 (2003) 499-509.
[21] Ananda, M. M. A., Gamage, J. On steady state availability of a system with lognormal repair time, Appl. Math. Comput. 150 (2004) 409-416.
[22] Weerahandi, S., Johnson, R. A. Testing reliability in a stress-strength model when X and Y are normally distributed, Technometrics, 34 (1992) 83-91.
[23] Weerahandi, S., Exact statistical methods for data analysis, Springer-Verlag, New York, 1994.
[24] Weerahandi, S., Generalized Inference in Repeated Measures, Springer-

verlag，New York，2004.

[25] Fisher R. A.，The fiducial argument in statistical inference，Ann，Eugenic，6 (1935) 391-398.

[26] Fisher R. A.，Inverse probability. Proc，Camb. Phil. Soc.，26 (1930) 528-535.

[27] Fisher R. A.，Statistical methods and scientific inference (3th)，Edinburgh and London，Oliver and Boyd，1956.

[28] Hannig，J.，Iyer，H.，Patterson，P.，Fiducial generalized confidence intervals，J. Amer. Statist. Assoc，101 (2006) 254-269.

[29] Fraser，D. A. S.，On Fiducial inference，Ann. Math. statist，32 (1961) 661-671.

[30] Fraser，D. A. S.，The Fiducial method and invariance，Biometrika. Ann. Math. Statist，37 (1961) 643-656.

[31] Fraser，D. A. S.，The structure of inference，Wiley，New York. 1965.

[32] Fraser，D. A. S.，The structure of inference，Wiley，New York，1968.

[33] Hora R. B.，Buehler R. L.，Fiducial theory and invariant estimation，Ann. Math. Statist.，37 (1966) 643-656.

[34] Hora R. B.，Buehler R. L.，Fiducial theory and invariant prediction，Ann. Math. Statist.，38 (1967) 793-801.

[35] Bunke H.，Statistical inference：fiducial and structural vs likelihood. Math. Operationsforsch，V. Statist.，6 (1975) 667-676.

[36] Dawid A. P.，Stone M.，The functional model basis of fiducial inference，The Annals of Statistics，10 (1982) 1054-1067.

[37] Dawid A. P.，Wang J.，Fiducial prediction and semi-bayesian inference，The Annals of Statistics，21 (1993) 1119-1138.

[38] Banard G. A.，Pivotal models and the bayesian controvery. Bull. Int. Statist. Inst. 47 (1977) 543-551.

[39] Banard G. A.，Pivotal models and fiducial argument. Int. Statist. Rev.，63 (1995) 309-323.

[40] 徐兴忠，信仰分布. 中国科学院数学与系统研究院博士后出站报告，2001.

[41] Xu X.，Li G.，Fiducial inference in the pivotal family of distributions, Science in China：Ser. A，Mathematics，49 (2006) 410-432.

[42] Lindley D V，Fiducial distributions and Bayes' theorem，J. Roy. Statist. Soc. B，20 (1958) 102-107.

[43] Fraser D. A. S.，On the consistency of the fiducial method，J. Roy. Statist. Soc. B，24 (1962) 425-434.

[44] Barnard G. A.，Some logical aspects of the fiducial argument，J. Roy. Statist. Soc. B，25 (1963) 111-114.

[45] Pedersen J. G.，Fiducial inference. International Statistical review，46 (1978) 147-170.

[46] Seidenfeld T.，R A Fisher's fiducial argument and Bayes' theorem. Statistical science，7 (1992) 358-368.

[47] Wang Y.，Fiducial intervals：what are they? The American Statistician，54 (2000) 105-111.

[48] Efron，B.，R A Fisher in the 21st Century. Statistical Science，13 (1998) 95-122.

[49] Miller，R. G.，Simultaneous Statistical Inference，Springer-verlag，New York，1981.

[50] Hochberg，Y.，Tamhane，A. G.，Multiple Comparison Procedures，John Wiley，New York，1987.

[51] Hsu，J. G.，Multiple Comparisons：Theory and Methods，Chapman-Hall，London，1996.

[52] 王松桂，史建红，尹素菊，吴密霞. 线性模型引论. 北京：科学出版社，2004.

[53] 扈慧敏. 博士学位论文. 北京：北京理工大学，2007.

[54] Games，P. A.，Howell，J. F.，Pairwise multiple comparison procedures with unequal N's and/or variances：A Monte Carlo study，J. Educ. Statist. 1 (1976) 113-125.

[55] Kaiser，L. D.，Bowden，D. C.，Simultaneous confidence intervals for all linear contrasts of means with heterogenous variances，Comm. Statist. Theory Methods，12 (1983) 73-88.

[56] Genz. A.，Bretz，F.，Numerical computation of multivariate t-probabilities with application to power calculation of multiple contrasts，J.

Stat. Comput. Simul. 63 (1999) 103-117.

[57] Hannig, J., On generalized fiducial inference, Technique Report, Department of Statistics, Colorado State University, 2006.

[58] Xiong, S., Mu, W., Simultaneous confidence intervals for one-way layout based on generalized pivotal quantities, Journal of statistical Computation and simulation, 79 (2009) 1235-1244.

[59] Lin, S., Lee, J., Exact tests in simple growth curve models and one-way ANOVA with equicorrelation error structure, J Multivariate Anal, 84 (2003) 351-368.

[60] Varde, S. D., Estimation of reliability of a two exponential component series system, Technometrics, 12 (1970) 867-875.

[61] Engelhardt, M., Bain, L. J., Tolerance limits and confidence limits on reliability for the two-parameter exponential distribution, Technometrics, 20 (1978) 37-39.

[62] Roy, A., Mathew, T., A generalized confidence limit for the reliability function of a two-parameter exponential distribution, J. Statist. Plann. Inference, 128 (2005) 509-517.

[63] Krishnamoorthy, K., Mathew, T., Assessing occupational exposure via the one-way random effects model with balanced date, J. Agri. Biol Environ. Statist, 7 (2002) 440-451.

[64] Rappaport, S. M., Kromhout, H., Symanski, E., Variation of exposure between workers in homogeneous exposure groups, Amer. Ind. Hyg, 54 (1993) 654-662.

[65] Maxim, L. D., Allshouse, J. N., Venturine, D. E., The random-effects model applied to refractory ceramic fiber data, Regulatory Toxicol. Pharm, 32 (2000) 190-199.

[66] Krishnamoorthy, K., Guo, H., Assessing occupational exposure via the one-way random effects model with unbalanced data, J. Statist. Plann. Inference, 128 (2005) 219-229.

[67] Xiong, S., Li, G., Some results on the convergence of conditional distributions, Statist. Probab. Lett., 78 (2008) 3249-3253.

[68] Shao, J., Tu, D., The Jackknife and Bootstrap. Springer-verlag, New York, 1995.

[69] Gelman, A., Carlin, J. B., Stern, H. S., Rubin, D. B., 2004. Bayesian Data Analysis, 2nd edition. Chapman & Hall/CRC, New York.

[70] Zhou, X. -H., Dinh, P., Nonparametric confidence intervals for the one-and two-sample problems. Biostatistics. 6 (2005) 187-200.

[71] E. L., Hannig, J., Iyer, H. K., Fiducial intervals for variance components in an unbalanced two -component normal mixed linear model. J. Amer. Statist. Assoc. 2008, to appear.

[72] Brown, L. D., Cai, T., DasGupta, A., Interval estimation for a binomial proportion, Statist. Sci., 16 (2001) 101-133.

[73] Brown, L. D., Cai, T., DasGupta, A., Confidence intervals for a binomial proportion and asymptotic expansions, Ann. Statist., 30 (2002) 160-201.

[74] Shao, J., Mathematical Statistics. Springer-verlag, New York, 1999.

[75] Hannig, J., 2006. On generalized fiducial inference. Technique Report. Dept of Statistics, Colorado State University.

[76] McCool J L. Inference on P (Y<X) in the Weibull case. Communications in Statistics: Simulation and Computation, 20 (1991) 129-148.

[77] Gupta R C, Ramakrishnan S, Zhou X., Point and interval estimation of P (X<Y): The normal case with common coefficient of variation [J]. Annals of the Institute of Statistical Mathematics, 51 (1999) 571-584.

[78] Ali M M, Woo J., Inference on reliability P (Y<X) in a p-dimensional rayleigh distribution. Mathematical and Computer Modelling, 42 (2005) 367-373.

[79] Buelhler R J., Confidence interval estimation of the product of two binomial parameters. Journal of the American Statistical Association, 52 (1957) 482-493.

[80] Varde S D., Estimation of reliability of a two exponential component series system. Technometrics, 12 (1970) 867-875.

[81] Zacks S., Introduction to reliability analysis, New York: Springer, 1992.

[82] Liu K，Tspkos C J. Nonparametric reliability modelling for parallel systems. Stochastic Analysis and Applications，20 (2002) 185-197.

[83] Sen P K.，Statistical analysis of some reliability models：Parametrics，semi-parametrics and nonparametrics. Journal of Statistical Planning and Inference，43 (1995) 41-66.

[84] Lee A J.，1990，U-Statistics，theory and practise. New York：Marcel Dekker.

[85] Stone C J.，1995，A course in probability and statistics. Belmont，CA：Duxbury.

[86] Brown L D，Cai T，DasGupta A. Interval estimation for a binomial proportion Statistical Science，16 (2001) 101-133.

[87] Donoho，D. L. 1982. Breakdown properties of multivariate location estimators. Ph. D. qualifying paper，Dept. Statistics，Harvard Univ.

[88] E，L.，Hannig，J.，Iyer，H. K.，Fiducial intervals for variance components in an unbalanced two-component normal mixed linear model. J. Amer. Statist. Assoc. 103 (2008) 854-865.

[89] Falk，M，Asymptotic independence of median and MAD. Statist. Probab. Lett. 34 (1997) 341-345.

[90] Gelman，A.，Garlin，J. B.，Stern，H. S.，Rubin，D. B.，2004. Bayesian Data Analysis，2nd edition. Chapman & Hall/CRC，New York.

[91] Hampel，F. R.，Ronchetti，E. M.，Rousseeuw，P. J.，Stahel，W. A.，1986. Robust Statistics：The Approach Based on Influence Functions. Wiley，New York.

[92] Hannig，J.，On generalized fiducial inference. Statist. Sinica 19 (2009) 491-544.

[93] Hannig，J. Abdel-Karim，L. E. A.，Iyer，H.，Simultaneous fiducial generalized confidence intervals for ratios of means of lognormal distributions，Austrian J. Statist. 35 (2009) 261-269.

[94] Hannig，J.，Iyer，H.，Patterson，P.，Fiducial generalized confidence intervals. J. Amer. Statist. Assoc. 101 (2006) 254-269.

[95] He，X.，Simpson，D. G.，Portnoy，S. L. Breakdown robustness of

tests. J. Amer. Statist. Assoc. 85 (1990) 446-452.

[96] Huber, P. J., 1981. Robust Statistics, Wiley.

[97] Hubert, M., Rousseeuw, P. J., Van Aelst, S., High-breakdown robust multivariate methods. Statist. Sci. 23 (2008) 92-119.

[98] Maronna, R. A., Martin, R. D., Yohai, V. J., 2006. Robust Statistics: Theory and Methods. Wiley, New York.

[99] Shao, J., Tu, D., 1995. The Jackknife and Bootstrap. Springer-verlag, New York.

[100] Singh, K., Xie, M., Strawderman, W. E., Combining information through confidence distrbutions. Ann. Statist. 33 (2005) 159-183.

[101] Weerahandi, S., Generalized confidence intervals. J. Amer. Statist. Assoc. 88 (1993) 899-905.

[102] Xie, M., Singh, K., Confidence distribution, the frequentist distribution estimator of a parameter: A review. International Statistical Review, 81 (2013) 3-39.

[103] Xiong, S., An asymptotics look at the generalized inference, J. Multivariate Anal. 102 (2011) 336-348.

[104] Xiong, S., Mu, W., On construction of asymptotically correct confidence intervals, J. Statist. Plann. Inference 139 (2009a) 1394-1404.

[105] Xiong, S., Mu, W., Simultaneous confidence intervals for one-way layout based on generalized pivotal quantities. J. Stat. Comput. Simul. 79 (2009b) 1235-1244.